面向21世纪国家示范性高职院校实训规划系列
甘肃省高等学校科研项目资助(No.2013A-145)

信息安全

实训教程

主　编　刘智涛

副主编　任继永

U0290737

西安交通大学出版社

XI'AN JIAOTONG UNIVERSITY PRESS

内容简介

本书主要介绍了信息安全方面的部分重点、难点实验。全书共分四部分,主要内容包括基础安全、系统安全、网络安全、应用安全。通过本书的学习,读者能够对计算机网络与信息安全知识有一个比较系统的了解,掌握网络与信息安全中各种常用的实践操作与基本维护手段。

本书是以适应高职院校以应用性为目的,以必需、够用为度,以岗位实用为准的教学特点,而编写的一本适合高职院校学生培养的实训教材。书中的案例均在真实环境或虚拟机环境下通过验证。本书适合高职院校电子商务、计算机网络和信息安全专业或相近专业的学生使用,也可作为从事网络安全、网络管理、信息系统开发的科研人员和相关行业技术人员的参考书。

图书在版编目(CIP)数据

信息安全实训教程/刘智涛主编. —西安:西安交通
大学出版社,2014.12
　ISBN 978 - 7 - 5605 - 6898 - 0

　Ⅰ.①信… Ⅱ.①刘… Ⅲ.①信息安全-安全技术-
高等学校-教材　Ⅳ.①TP309

中国版本图书馆 CIP 数据核字(2014)第 287285 号

书　　名	信息安全实训教程
主　　编	刘智涛
责任编辑	杨　璠
出版发行	西安交通大学出版社
	(西安市兴庆南路 10 号　邮政编码 710049)
网　　址	http://www.xjtupress.com
电　　话	(029)82668357　82667874(发行中心)
	(029)82668315(总编办)
传　　真	(029)82668280
印　　刷	西安日报社印务中心
开　　本	727mm×960mm　1/16　印张　14.875　字数　275千字
版次印次	2018 年 8 月第 1 版　　2018 年 8 月第 1 次印刷
书　　号	ISBN 978 - 7 - 5605 - 6898 - 0
定　　价	36.00 元

前言

随着信息技术和计算机网络的普及,网络和信息安全对社会生产生活的影响越来越大,网络提供了丰富的资源以便用户共享,提高了系统的灵活性和便捷性,但也正是这些特点,增加了网络的脆弱性,加大了网络受威胁和攻击的可能性。掌握必要的网络及信息安全操作技能是高职网络及信息安全专业学生必须具备的专业能力之一。

本书共分四个部分,分别是基础安全、系统安全、网络安全和应用安全。全部叙述采用任务驱动模式,每个任务又以任务描述、相关知识、实现过程为主线,特别是实现过程中给出了详尽的操作步骤和具体的操作图解,基本涵盖了网络及信息安全实验中涉及的各个层次的主要知识。

本书以培养应用型和技能型人才为根本,以理论"实用、够用"为原则,注重实用性,通过提出问题、分析问题、解决问题这样一个认知过程,精心组织内容,力求重点突出、要点讲明、通俗易懂。本书针对高职高专教育特点,结合具体实验介绍了目前主流网络及信息安全管理、维护、操作等知识,有助于增强教学针对性、实用性。

本书由刘智涛担任主编,完成第三部分网络安全、第四部分应用安全的编写工作;任继永担任副主编,完成第一部分基础安全、第二部分系统安全的编写工作。全书由刘智涛统稿。在编写过程中参考了互联网上公开的一些有关资料,由于互联网上的资料较多,引用复杂,无法一一注明原出处,故在此声明,原文版权属于原作者。其他参考文献在本书后列出。

本书得到了2013年甘肃省高等学校科研项目(NO.2013A—145)组成员的大力协助,由于作者水平有限,书中难免疏漏之处,希望读者批评指正,以期修订更新。

刘智涛

2014 年 8 月于天水

目录

Contents

第一部分 基础安全

任务1 Caesar 加密算法编程实现

【任务描述】

随着 Internet 及其相关技术的日益普及,电子商务已跨越局域网和广域网,加密各种敏感信息已经成为信息安全的至关重要的部分。信息安全又称为数据安全,早期的信息安全保护主要是借助于密码学(Cryptography)。作为保障数据安全的一种方式,数据加密起源于公元前 2000 年。埃及人是最先使用特别的象形文字作为信息编码的人。随着时间的推移,巴比伦、美索不达米亚和希腊文明都开始使用一些方法来保护他们的书面信息。

现代的计算机加密技术是为了适应网络安全的需要应运而生的,它为我们进行一般的电子商务活动提供了安全保障,如在网络中进行文件传输、电子邮件往来和进行合同文本的签署等。而且在信息通信过程中要保证信息的完整性,可以使用密码技术实施数字签名,进行身份认证,对信息进行完整性校验,这些是当前实际可行的办法。为了保障信息系统和电子信息为授权者所用,可以利用密码进行系统登录管理,存取授权管理则是非常有效的办法。既保证电子信息系统的可控性同时也可以有效地利用密码和密钥管理来实施。

传统的加密方法有替代法和置换法。比较经典的是 Caesar 替代法以及由 Caesar 替代法改进后的 Vigenere 加密法。

通过本任务的实际操作与训练,要求学生掌握以下知识和技能:

(1)掌握利用编程实现算法的基本思想。

(2)加深对 Caesar 替代加密算法的理解。

(3)较熟练地使用程序开发软件 Visual C++6.0。

【相关知识】

1. Caesar 替代加密法

替代加密法是单字符加密法。称通信中所用的英文字母(共 26 个)、数字(0~9)、标点符号中的每一个字符为明字符。将每个明字符用它们中的某一个代替,称为明字符的密字符。全体名字符与密字符的一一对应表称为密码表。

信息传输中,每个明字符用密字符去替代,明文块数据被密文块数据隐藏下来,只要通信双方保密这张密码表,通信过程中的安全性就有了保证。

先将英文 26 个字母 a、b、c、⋯依次排列,z 后面接着排 a、b、c、⋯,它的加密方法就是把明文中所有字母都用它右边的第 k 个字母替代。这种映射关系表示为如下函数:

$$C = f(a) = (a + k) \bmod n$$

其中,a 表示明文字母;n 为字符集中字母的个数;k 为密钥。映射表示 f(a)等于(a ＋k)除以 n 的余数。接收方接到密文后,再运用解密算法

$$A = f(c) = (c - k) \bmod n$$

还原为原来的明文。其中 A 表示明文,c 表示密文,k 表示密钥。

设 k＝3(注:若取 k＝3,则此密码体制通常叫做凯撒密码,因为它首先为儒勒 • 凯撒(Julius Caesar,凯撒大帝)所使用),对于明文 P＝gameisover,则

$$f(g) = (7 + 3) \bmod 26 = 10 = j$$
$$f(a) = (1 + 3) \bmod 26 = 4 = d$$
$$f(m) = (13 + 3) \bmod 26 = 16 = p$$

所以,密文 C＝Ek(P)＝jdphlvryhu,当接收方接收到密文后,结合密钥,运用解密算法还原得到明文为 gameisover。

2. Vigenere 加密法

对于 Caesar 替代法,容易受到攻击者的频率攻击。攻击者在截获密文后,分析密文各个字母出现的频率,便可以猜想出各个字母的对应关系。基于这个缺陷,法国人 Vigenere 改进了 Caesar 算法,提出了 Vigenere 替代算法。

这种替代法是循环使用有限个字母来实现替代的一种方法。若明文信息 $M_1 M_2 M_3 \cdots M_n$,采用 n 个字母(n 个字母为 $B_1 B_2 B_3 \cdots B_n$)替代法,那么,M_n 将根据字母 B_n 的特征来替代,M_{n+1} 又将根据 B_1 的特征来替代,如此循环,可见 B_1,B_2,B_3,⋯,B_n 就是加密的密钥。

这种加密的加密表是以字母表移位为基础把 26 个英文字母进行循环移位,排列在一起,形成 26×26 的方阵。该方阵被称为维吉尼亚表。

采用的算法为

$$C_i = (aM_i + B_i) \bmod n \ (i = 1, 2, 3, \cdots, n)$$

当接收方接收到密文后,通过解密算法:

$$M_i = (1/a)(\bmod\ n)(C_i - B_i)(\bmod\ n)$$

还原出明文。

下面编程具体实现 Caesar 替代加密算法。

【实现过程】

下面的程序编写及调试均可在 VC6.0 中完成,输入的明文(plaintext)和结果密文(ciphertext)均以英文大写字母的形式出现,输入时以"\0"作为结束输入标志,程序源代码如下:

```
# include<stdio. h>
# include<string. h>
main()
{
  char str1[100];
  char str2[100];
  int i;
  char ch;
  printf("Please input plaintext:");
  gets(str1);
  for(i = 0;(ch = str1[i])! = '\0';i + +)
  {
    if(ch = = 'X')
      str2[i] = 'A';
    else if(ch = = 'Y')
      str2[i] = 'B';
    else if(ch = = 'Z')
      str2[i] = 'C';
    else str2[i] = str1[i] + 3;
  }
  printf("\nThe ciphertext is:% s\n",str2);
}
```

(1)在 VC6.0 中输入源程序,如图 1-1-1 所示。

图 1-1-1　源程序

(2)调试：执行"编译"菜单下的"编译"命令，如图 1-1-2 所示。

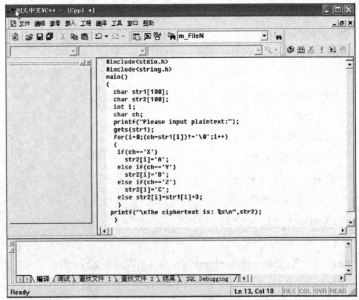

图 1-1-2　编译

(3)执行 Cpp1.exe 后,当我们输入"GAMEISOVER"时,输出结果是"JDPHLVRYHU",如图 1-1-3 所示。

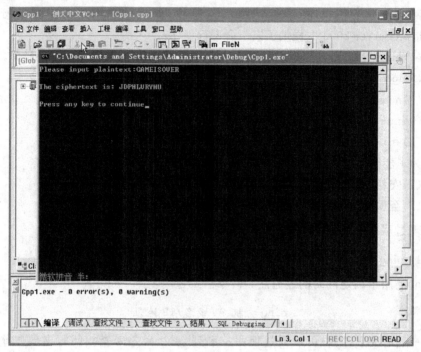

图 1-1-3　结果

任务 2　常用网络管理命令的使用

【任务描述】

本任务详细给出以下几个 Windows 系统自带的网络方面的命令,熟练使用它们给对信息收集和安全防御带来极大的便利。

通过本任务的实际操作与训练,要求学生掌握以下知识和技能:

(1)掌握各种主要命令的作用。

(2)掌握各种网络命令的主要测试方法。

(3)理解各种网络命令主要参数的含义。

【相关知识】

在网络调试的过程中,常常要检测服务器和客户机之间是否连接成功、希望检查本地计算机和某个远程计算机之间的路径、检查 TCP/IP 的统计情况以及系统使用 DHCP 分配 IP 地址时掌握当前所有的 TCP/IP 网络配置情况,以便及时了解整个网络的运行情况,以确保网络的连通性,保证整个网络的正常运行。在 Windows Server 2003 中提供了以下命令行程序:

(1)ping:用于测试计算机之间的连接,这也是网络配置中最常用的命令。

(2)ipconfig:用于查看当前计算机的 TCP/IP 配置。

(3)netstat:显示连接统计。

(4)tracert:进行源主机与目的主机之间的路由连接分析。

(5)arp:实现 IP 地址到物理地址的单向映射。

为了能够使得任务成功进行,需要有以下实验设备:

(1)安装有 Windows Server 2003 操作系统的计算机。

(2)至少有两台计算机通过交叉双绞线相连或通过集线器相连。

【实现过程】

1. ping 命令

ping 用于确定网络的连通性。命令格式为

ping 主机名/域名/IP 地址

一般情况下,用户可以通过使用一系列 ping 命令来查找问题出现在什么地方,或检验网络运行的情况。典型的检测次序及对应的可能故障如下:

(1)ping127.0.0.1:如果测试成功,表明网卡、TCP/IP 协议的安装、IP 地址、子网掩码的设置正常。如果测试不成功,就表示 TCP/IP 协议的安装或运行存在某些最基本的问题。

(2)ping 本机 IP:如果测试不成功,则表示本地配置或安装存在问题,应当对网络设备和通信介质进行测试、检查并排除。

(3)ping 局域网内其他 IP:如果测试成功,则表明本地网络中的网卡和载体运行正确。但如果收到 0 个回送应答,那么表示子网掩码不正确、网卡配置错误或电缆系统有问题。

(4)ping 网关 IP:这个命令如果应答正确,则表示局域网中的网关或路由器正在运行并能够做出应答。

(5)ping 远程 IP:如果收到正确应答,则表示成功地使用了缺省网关。对于拨号上网用户则表示能够成功地访问 Internet。

(6)ping localhost:localhost 是系统的网络保留名,它是 127.0.0.1 的别名,每

台计算机都应该能够将该名字转换成该地址。如果没有做到这点，则表示主机文件(/Windows/host)存在问题。

(7)ping www.163.com(一个著名网站域名)：对此域名执行 ping 命令，计算机必须先将域名转换成 IP 地址，通常是通过 DNS 服务器。如果这里出现故障，则表示本机 DNS 服务器的 IP 地址配置不正确，或 DNS 服务器有故障。

如果上面所列出的所有 ping 命令都能正常运行，那么计算机进行本地和远程通信基本上就没有问题了。但是，这些命令的成功并不表示所有的网络配置都没有问题，例如，某些子网掩码错误就可能无法用这些方法检测到。ping 命令的常用参数选项如下：

ping IP -t：连续对 IP 地址执行 ping 命令，直到被用户以 Ctrl＋C 中断。

ping IP -l2000：指定 ping 命令中的数据长度为 2000 字节，而不是缺省的 32 字节。

ping IP -n：执行特定次数的 ping 命令。

ping IP -f：强行不让数据包分片。

ping IP -a：将 IP 地址解析为主机名。

2. IP 配置程序命令 ipconfig

发现和解决 TCP/IP 网络问题时，先检查出现问题的计算机上的 TCP/IP 配置。可以使用 ipconfig 命令获得主机 TCP/IP 配置信息，包括 IP 地址、子网掩码和默认网关。命令格式为

```
ipconfig /options
```

其中 options 选项如下：

/?：显示帮助信息。

/all：显示全部配置信息。

/release：释放指定网络适配器的 IP 地址。

/renew：刷新指定网络适配器的 IP 地址。

/flushdns：清除 DNS 解析缓存。

/registerdns：刷新所有 DHCP 租用和重新注册 DNS 名称。

/displaydns：显示 DNS 解析缓存内容。

使用带/all 选项的 ipconfig 命令时，将给出所有接口的详细配置报告，包括任何已配置的串行端口。使用 ipconfig /all 可以将命令输出重定向到某个文件，并将输出粘贴到其他文档中，也可以用该输出确认网络上每台计算机的 TCP/IP 配置，或者进一步调查 TCP/IP 网络问题。例如，若计算机配置的 IP 地址与现有的 IP

地址重复,则子网掩码显示为 0.0.0.0。图 1 - 2 - 1 所示是使用 ipconfig /all 命令的输出,显示了当前计算机配置的 IP 地址、子网掩码、默认网关以及 DNS 服务器地址等相关的 TCP/IP 信息。

```
C:\>ipconfig /all

Windows IP Configuration

    Host Name . . . . . . . . . . . . : teacher
    Primary Dns Suffix  . . . . . . . : gxy.local
    Node Type . . . . . . . . . . . . : Unknown
    IP Routing Enabled. . . . . . . . : No
    WINS Proxy Enabled. . . . . . . . : No
    DNS Suffix Search List. . . . . . : gxy.local

Ethernet adapter 本地连接:

    Connection-specific DNS Suffix  . :
    Description . . . . . . . . . . . : Realtek RTL8169/8110 Family Gigabit Ether
net NIC
    Physical Address. . . . . . . . . : 00-22-15-F1-D6-B8
    DHCP Enabled. . . . . . . . . . . : No
    IP Address. . . . . . . . . . . . : 192.168.0.200
    Subnet Mask . . . . . . . . . . . : 255.255.255.0
    Default Gateway . . . . . . . . . : 192.168.0.1
    DNS Servers . . . . . . . . . . . : 127.0.0.1
```

图 1 - 2 - 1　使用 ipconfig /all 命令查看 TCP/IP 配置

3. 显示网络连接程序 netstat

netstat 命令的功能是显示网络连接、路由表和网络接口信息,可以让用户得知目前都有哪些网络连接正在运作,其命令格式为

netstat [-a] [-e] [-n] [-s] [-p protocol] [-r] [interval]

参数说明如下:

(1)netstat-s:按照各个协议分别显示其统计数据。这样就可以看到当前计算机在网络上存在哪些连接,以及数据包发送和接收的详细情况等。如果应用程序(如 Web 浏览器)运行速度比较慢,或者不能显示 Web 页之类的数据,就可以用本选项来查看一下所显示的信息。仔细查看统计数据的各行,找到出错的关键字,进而确定问题所在。

(2)netstat-e:显示关于以太网的统计数据。它列出的项目包括传送的数据报的总字节数、错误数、删除数、数据报的数量和广播的数量。这些统计数据既有发送的数据报数量,也有接收的数据报数量。使用这个选项可以统计一些基本的网络流量。

(3)netstat-r:显示关于路由表的信息,类似后面所讲使用 route print 命令时

看到的信息。除了显示有效路由外,还显示当前有效的连接。

(4) netstat-a:显示一个所有的有效连接信息列表,包括已建立的连接(ESTABLISHED),也包括监听连接请求(LISTENING)的那些连接。

(5) netstat-n:显示所有已建立的有效连接,以数字格式显示地址和端口号。

(6) netstat-p protocol:显示由 protocol 指定的协议的连接。protocol 可以是 TCP 或 UDP。如果与-s 选项并用则显示每个协议的统计,protocol 可以是 TCP、UDP、ICMP 或 IP。

(7) netstat interval:重新显示所选的统计,在每次显示之间暂停 interval 秒。按 Ctrl+B 键停止,重新显示统计。如果省略该参数,netstat 将打印一次当前的配置信息。

当前最为常见的木马通常是基于 TCP/UDP 协议进行 Client 端与 Server 端之间的通信的,既然利用到这两个协议,就不可避免要在 Server 端(就是被种了木马的机器)打开监听端口来等待连接。例如冰河使用的监听端口是 7626,Back Orifice2000 则是使用 54320 等。我们可以利用 netstat 命令查看本机开放端口的方法来检查自己是否被种了木马或其他黑客程序。进入到命令行下,使用 netstat 命令的 a 和 n 两个参数的组合,如图 1-2-2 所示。

```
C:\>netstat -an

Active Connections

Proto  Local Address          Foreign Address        State
TCP    0.0.0.0:53             0.0.0.0:0              LISTENING
TCP    0.0.0.0:80             0.0.0.0:0              LISTENING
TCP    0.0.0.0:88             0.0.0.0:0              LISTENING
TCP    0.0.0.0:135            0.0.0.0:0              LISTENING
TCP    0.0.0.0:389            0.0.0.0:0              LISTENING
TCP    0.0.0.0:445            0.0.0.0:0              LISTENING
TCP    0.0.0.0:464            0.0.0.0:0              LISTENING
TCP    0.0.0.0:593            0.0.0.0:0              LISTENING
TCP    0.0.0.0:636            0.0.0.0:0              LISTENING
TCP    0.0.0.0:1025           0.0.0.0:0              LISTENING
TCP    0.0.0.0:1026           0.0.0.0:0              LISTENING
TCP    0.0.0.0:1028           0.0.0.0:0              LISTENING
TCP    0.0.0.0:1040           0.0.0.0:0              LISTENING
TCP    0.0.0.0:1050           0.0.0.0:0              LISTENING
```

图 1-2-2 使用 netstat 命令显示网络连接

其中,"Active Connections"是指当前本机的活动连接;"Proto"是指连接使用的协议名称;"Local Address"是本地计算机的 IP 地址和连接正在使用的端口号;

"Foreign Address"是连接该端口的远程计算机的 IP 地址和端口号;"State"则是表明 TCP 连接的状态。

4. 路由分析诊断程序 tracert

这个应用程序主要用来显示数据包到达目的主机所经过的路径。通过执行一个 tracert 到对方主机的命令之后,结果返回数据包到达目的主机前所经历的路径详细信息,并显示到达每个路径所消耗的时间。

这个命令同 ping 命令类似,但它所看到的信息要比 ping 命令详细得多,它能反馈显示送出的到某一站点的请求数据包所走的全部路,以及通过该路由的 IP 地址,通过该 IP 的时间是多少。Tracert 命令还可以用来查看网络在连接站点时经过的步骤或采取哪种路线,如果是网络出现故障,就可以通过这条命令来查看是在哪儿出现问题的。例如运行 tracert www.163.com 就将看到网络在经过几个连接之后所到达的目的地,也就知道网络连接所经历的过程。

路由分析诊断程序 tracert 通过向目的地发送具有不同生存时间的 ICMP 回应报文,以确定至目的地的路由。也就是说,tracert 命令可以用来跟踪一个报文从一台计算机到另一台计算机所走的路径。命令格式如下:

> tracert [-d] [-h maximum_hops] [-j host-list] [-w timeout] target
> _name

参数说明如下:

-d:不进行主机名称的解析。

-h maximum_hops:最大的到达目标的跃点数。

-j host-list:根据主机列表释放源路由。

-w timeout:设置每次回复所等待的毫秒数。

比如用户在上网时,想知道从自己的计算机如何连接到网易主页,可在命令行方式下输入命令 tracert www.163.com,如图 1-2-3 所示。

最左边的数字称为"hops",是该路由经过的计算机数目和顺序。"10 ms"是向经过的第一个计算机发送报文的往返时间,单位为 ms。由于每个报文每次往返时间不一样,tracert 将显示三次往返时间。如果往返时间以"∗"显示,而且不断出现"Request timed out"的提示信息,则表示往返时间太长,此时可按下 Ctrl+C 键离开。要是看到四次"Request timed out"信息,则极有可能遇到拒绝 tracert 询问的路由器。在时间信息之后,是计算机的名称信息,是便于人们阅读的域名格式,也有 IP 地址格式。它可以让用户知道自己的计算机与目的计算机在网络上距离有多远,要经过几步才能到达。

```
命令提示符

C:\>tracert www.163.com

Tracing route to www.163.com [202.108.36.172]
over a maximum of 30 hops:

  1   <10 ms    10 ms   <10 ms  210.41.232.65
  2   <10 ms   <10 ms   <10 ms  210.41.232.97
  3   <10 ms   <10 ms   <10 ms  172.16.16.1
  4   <10 ms   <10 ms   <10 ms  202.112.14.13
  5   <10 ms   <10 ms   <10 ms  cd0.cernet.net [202.112.53.73]
  6    20 ms    20 ms    20 ms  202.112.46.181
  7    40 ms    40 ms    30 ms  bjwh4.cernet.net [202.112.46.65]
  8    30 ms    40 ms    40 ms  202.112.61.162
  9     *        *        *     Request timed out.
 10    40 ms    40 ms    30 ms  219.158.11.113
 11    40 ms    40 ms    40 ms  202.96.12.30
 12    30 ms    40 ms    40 ms  RTR-BTO-A-F9-1-0.bta.net.cn [202.106.192.225]
 13    30 ms    40 ms    40 ms  RTR-AHL-A-S2-0.bta.net.cn [202.106.192.170]
 14    30 ms    41 ms    40 ms  210.74.176.150
 15    40 ms    30 ms    40 ms  202.108.36.172

Trace complete.

C:\>_
```

图 1-2-3　tracert 命令的运用

tracert 最多会显示 30 段“hops”，上面会同时指出每次停留的响应时间，以及网站名称和沿路停留的 IP 地址。一般来说，连接上网速度是由连接到主机服务器的整个路径上所有响应事务的反应时间总和决定的，这就是为什么一个经过 5 段跳接的路由器 hops 如果需要 1 s 来响应，会比经过 9 段跳接但只需要 200 ms 响应的路由器 hops 来得糟糕。通过 tracert 所提供的资料，可以精确指出到底连接哪一个服务器比较划算。但是，tracert 是一个运行得比较慢的命令(如果用户指定的目标地址比较远)，每个路由器用户大约需要 15 s 来发送报文和接收报文。

5. ARP 地址解析协议命令 arp

ARP 是 TCP/IP 协议族中的一个重要协议，用于把 IP 地址映射成对应网卡的物理地址。使用 arp 命令，能够查看本地计算机或另一台计算机的 arp 高速缓存中的当前内容。

使用 arp 命令可以人工方式设置静态的网卡物理/IP 地址对，使用这种方式可以为缺省网关和本地服务器等常用主机进行本地静态配置，这有助于减少网络上的信息量。

按照缺省设置，ARP 高速缓存中的项目是动态的，每当发送一个指定地点的数据报并且此时高速缓存中不存在当前项目时，ARP 便会自动添加该项目。

常用命令选项如下：

（1）arp -a：用于查看高速缓存中的所有项目。

（2）arp -a IP：如果有多个网卡，那么使用 arp-a 加上接口的 IP 地址，就可以只显示与该接口相关的 ARP 缓存项目。

（3）arp -s IP 物理地址：向 ARP 高速缓存中人工输入一个静态项目。该项在计算机引导过程中将保持有效状态，或者在出现错误时，人工配置的物理地址将自动更新该项目。

（4）arp -d IP：使用本命令能够人工删除一个静态项目。

图 1-2-4 所示是带参数的 arp 命令简单实现。

```
C:\>arp -a

Interface: 192.168.0.200 --- 0x10003
  Internet Address      Physical Address      Type
  192.168.0.1           00-00-00-00-00-00      invalid
  192.168.0.23          00-1e-90-43-bc-59      dynamic
  192.168.0.24          00-1e-90-43-bc-1f      dynamic
```

图 1-2-4 arp 命令中-a 参数的运用

任务 3 PGP 加密软件的使用

【任务描述】

PGP 加密软件是美国 Network Associate Inc 出产的免费软件，可用它对文件、邮件进行加密，在常用的 WINZIP、Word、ARJ、Excel 等软件的加密功能均告可被破解时，选择 PGP 对自己的私人文件、邮件进行加密不失为一个好办法。除此之外，它还可以与同样装有 PGP 软件的朋友互相传递加密文件，安全十分有保障。

通过本任务的实际操作与训练，要求学生掌握以下知识和技能：

（1）PGP 的下载及安装。

（2）使用 PGP 产生和管理密钥。

（3）使用 PGP 进行加密/脱密、签名/验证。

（4）使用 PGP 销毁秘密文件。

【相关知识】

PGP 软件的英文全名是"Pretty Good Privacy"，是一个广泛用于电子邮件和其他场合的十分出色的加密软件。

　　PGP 最早的版本是由美国的 Philip Zimmermann 在 1991 年夏天发布的。Philip Zimmermann 将 PGP 免费地发布出去。由于 PGP 的优良特性及其开放性，PGP 和 Linux 一样并列为最伟大的自由软件。1992 年 2 月，在欧洲发布了 PGP 的新版本，PGP 的国际版本在美国境外开发，打破了美国政府的软件出口限制，PGP 的国际版本带有 i 的后缀，如，PGP6.5.1i。2002 年 12 月 3 日的版本 PGP8.0 可以从挪威的 www. pgpi. com 下载。PGP 把整套加密技术交给用户，它没有采用密钥公证制度，也是出于避免国家介入个人隐私的考虑。

　　PGP 自发布以来，赢得了全球的亿万用户的支持，已经成为电子邮件加密的事实上标准。PGP 的功能强大，包括所有的源程序代码，还提供各种语言函数接口的免费加密函数工具包，让没有高深密码学知识的程序员也能够很容易地在应用程序中添加加密和安全认证的功能，可以极大地降低使用者在应用程序中关于加密和认证模块的开发成本。

　　PGP 实现了大部分的加密和认证的算法，如 Blowfish，CAST，DES，TripleDES，IDEA，RC2，RC4，RC5，Safer，Safer - SK 等传统的加密方法，以及 MD2，MD4，MD5，RIPEMD - 160，SHA 等散列算法，当然也包括 D - H，DSA，Elgamal，RSA 等公开密钥加密算法。PGP 先进的加密技术使它成为最好的、攻击成本最高的安全性程序。

　　PGP 的巧妙之处在于它汇集了各种加密方法的精华。PGP 兼有加密和签名两种功能。数据的加密主要使用速度快，安全性能好的 IDEA 算法。对 IDEA 的密钥进行加密使用 RSA 算法，因为它是一个最好的公钥系统，这样，把两种加密技术巧妙地结合起来，可扬长避短，各尽其能。PGP 用 MD5 作为散列函数，保护数据的完整性，同时和加密算法相结合，提供了签名功能。PGP 的加密功能和签名功能可以单独使用，也可以同时使用，由用户自行决定。

　　PGP 的密钥管理体制是独具特色的。为了摆脱国家的控制，PGP 不设立密钥公证机制，它使用的是一种类似于日常社交生活中的介绍机制。你的公钥通过你的朋友介绍给你的新朋友，你的新朋友基于对介绍人的信任而给你的公钥以一定程度的信任。你的朋友在做介绍时使用了他自己的数字签名，这种介绍的方式符合人们的生活习惯，亲切而自然。当然如果介绍人信誉不高或者不负责任，那么信任度就会打折扣。

　　从密码体制上来说，PGP 使用了最好的加密技术，其安全性应当是有保证的。但从密钥的安全性来说，PGP 使用了一个用户随机产生的 RSA 密钥和打开这个密钥的口令，保护好自己的口令是一件关键性的事情。公钥的篡改和冒充是 PGP 的主要威胁。另外，PGP 的源代码是公开的，有可能受到攻击，所以一定要从可靠的站点上下载可靠的程序。如果不小心把黑客假冒的 PGP 程序安装到你的机器上,那后果将不堪设想。

【实现过程】

1. PGP 的下载及安装

PGP 是免费的软件,可以自由下载。在 www. pgpi. com 网站中可以下载到最新的版本。软件压缩后的容量大约有 8MB。打开国际 PGP 站点主页后,可直接选择下载最新版本,在下载时要选择的应用平台是 Windows。下载过程十分简单,用户可自行完成。下载完毕后准备安装。

找到刚下载的 PGP 自解压文件,双击文件名开始安装。首先进入欢迎界面,如图 1 - 3 - 1 所示。

图 1 - 3 - 1   PGP 软件安装欢迎界面

单击"Next"按钮,阅读许可协议后单击"Yes"按钮,如图 1 - 3 - 2 所示,阅读 Read Me 后单击"Next"按钮,如图 1 - 3 - 3 所示

询问用户是否有密钥链,如果先前在本机上用过 PGP,需要把原来的密钥链装到新环境,则选择"Yes, I already have keyrings.",否则就选择"No, I'm a New User.",如图 1 - 3 - 4 所示。

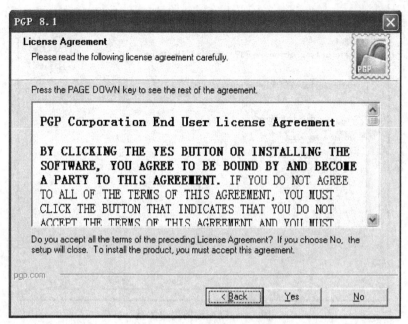

图 1-3-2　阅读许可协议

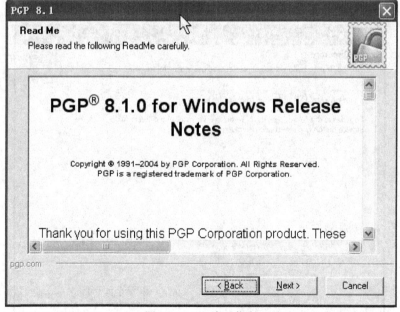

图 1-3-3　许可信息

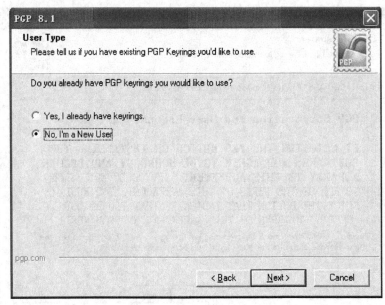

图 1 - 3 - 4　询问用户类型

在下个界面中选择安装路径或使用默认设置，单击"Next"按钮，如图 1 - 3 - 5 所示。

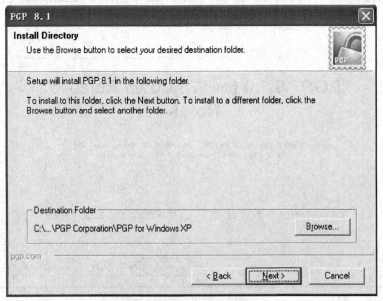

图 1 - 3 - 5　选择安装路径

选择要安装的组件,单击"Next"按钮,如图 1-3-6 所示。

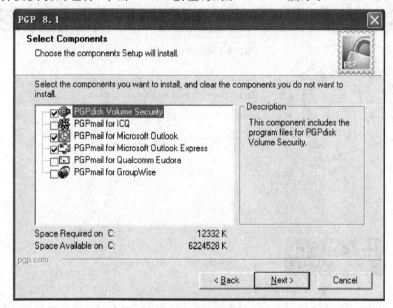

图 1-3-6 安装组件选择

检查现有选项,单击"Next"按钮,如图 1-3-7 所示。

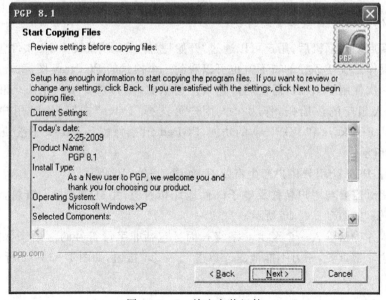

图 1-3-7 检查安装组件

PGP 安装完成，重新启动计算机，如图 1-3-8 所示。

图 1-3-8　安装完成，重新启动计算机

2. 使用 PGP 产生和管理密钥

重新启动计算机后，用户可以通过"开始|程序|PGP"找到 PGP 软件包的工具盒。在操作系统任务栏的右下方也可以看到一个锁状的 PGPtray 图标。

第一次使用 PGP 时，需要用户输入注册信息，用户需要填入用户名和组织名称，并输入相应的注册码，作为个人用户可选择"Later"按钮，此时用户可使用 PGPmail、PGPkeys 和 PGPtray 的功能，PGPemail 插件和 PGPdisk 不被使用，如图 1-3-9所示。

接着，PGP 会引导用户产生密钥对，如图 1-3-10 所示。

密钥对需要与用户名称及电子邮件地址相对应，用户填入相应资料，单击"下一步"按钮，如图 1-3-11 所示。

输入并确认输入一个至少 8 字符长而且包括非字母符号的短语来保护密钥，这个短语非常重要，千万不能泄露。单击"下一步"按钮，如图 1-3-12 所示。

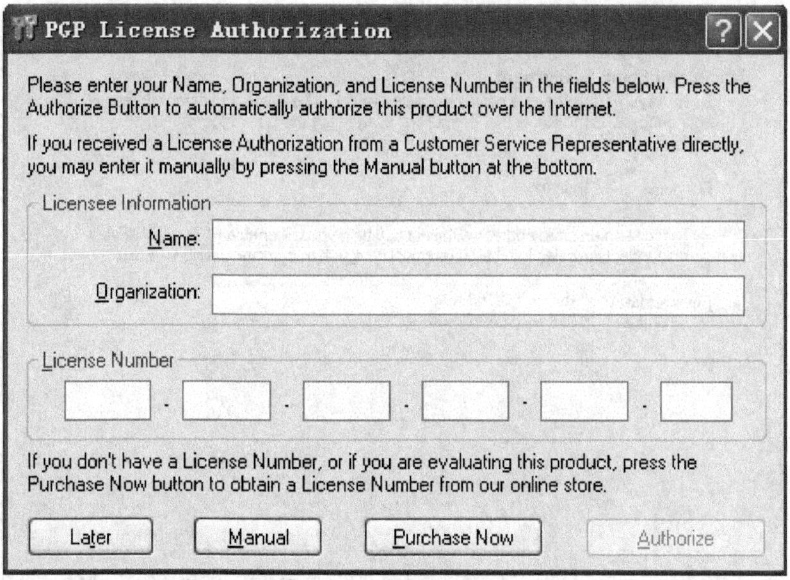

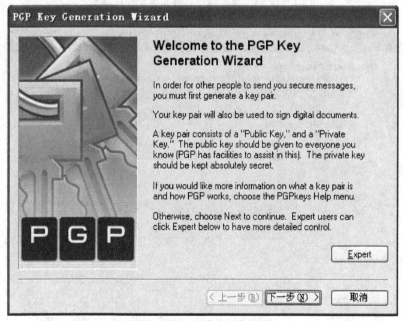

图 1 - 3 - 9 PGP 注册信息

图 1 - 3 - 10 产生密钥向导

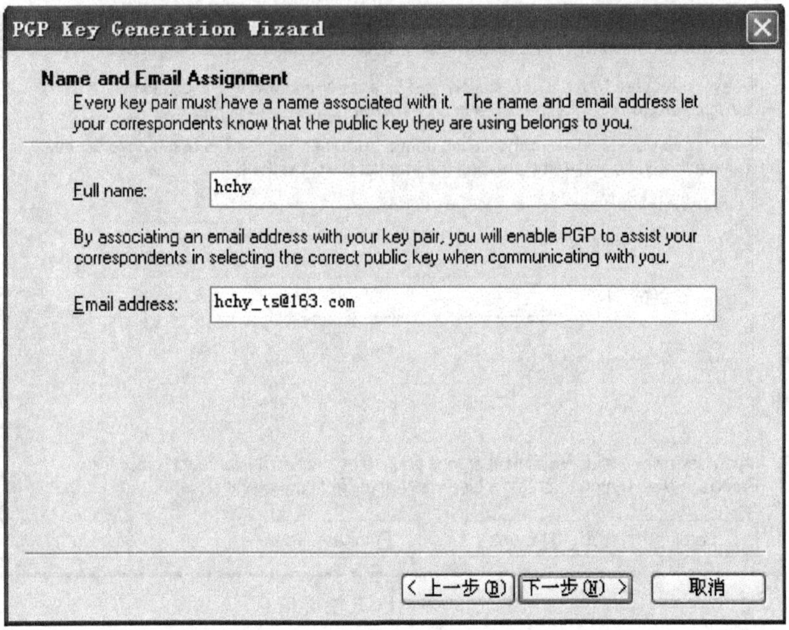

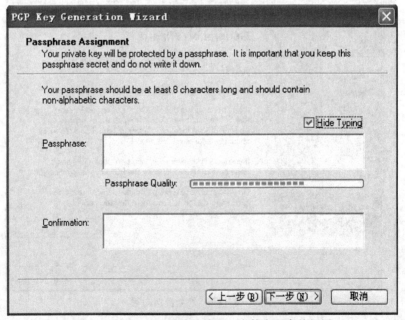

图 1-3-11　输入用户名称及电子邮件地址

图 1-3-12　输入并确认输入一个符合要求的短语

软件根据用户输入自动产生密钥,单击"下一步"按钮,如图 1-3-13 所示。

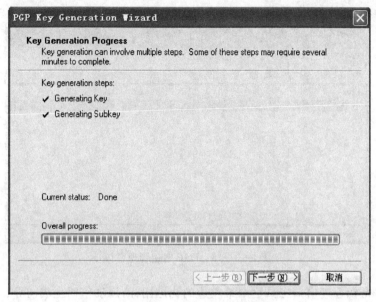

图 1-3-13 自动产生密钥

PGP 密钥产生向导工作完成,如图 1-3-14 所示。

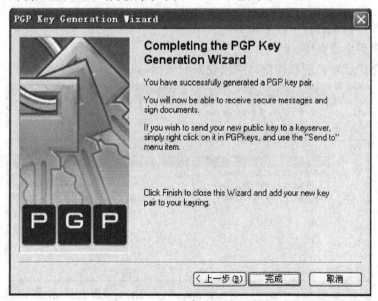

图 1-3-14 密钥产生向导完成

用户可选择"开始|程序|PGP|PGPkeys",或单击屏幕右下方的"PGPtray",然后从其快捷单中选择 PGPkeys 来打开 PGP 密钥管理窗口,如图 1-3-15 所示。

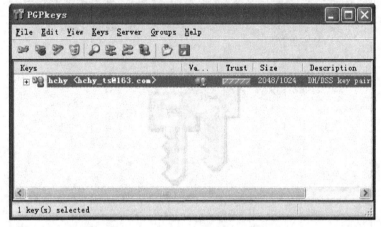

图 1-3-15　PGP 密钥管理窗口

单击密钥管理窗口工具栏中最左边的钥匙图标,启动密钥生成向导:

① 输入姓名和电子邮件地址,这两项联合作为交换密钥时的唯一名称标识。

② 输入并确认输入一个至少 8 字符且包含非字母符号的短语,尽量好记难猜。

③ 计算机系统自动产生密钥。

④ 密钥生成完毕。

⑤ 完成后在密钥管理窗口中出现新的密钥,如图 1-3-16 所示。

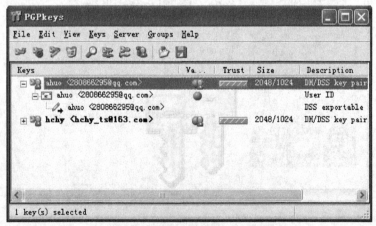

图 1-3-16　生成了新的密钥

⑥ 在关闭密钥管理窗口时系统将提示对密钥文件进行备份。

在如图 1 - 3 - 16 所示的密钥管理窗口中,工具栏中的工具按钮从左到右的功能依次是:产生新的密钥、废除选中选项、签名选中选项、删除选中选项、打开密钥搜索窗口、将密钥送往某服务器或邮件接收者、从服务器更新密钥、显示密钥属性、从文件导入密钥以及将所选择的密钥对导出到某个文件。

3. 使用 PGP 进行加密/脱密和签名/验证

要对一个文件进行加密或签名,应先打开资源管理器,右击选择的文件,出现 PGP,拉出其子菜单,如图 1 - 3 - 17 所示。在子菜单中有加密、签名、加密和签名、销毁文件以及创建一个自动解密的文件等选项。用户可先选择第一项,对文件进行加密。

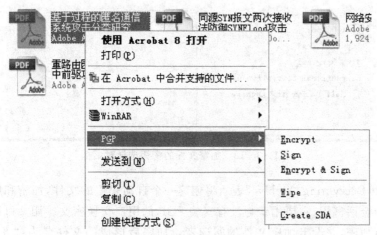

图 1 - 3 - 17　右击文件弹出菜单

在弹出窗口中选择将要加密的文件的阅读者。如果是自己看,就选择自己;如果是发送给其他人,就选择他的名字。双击或拖动名称到接收者框,即可完成接收者设定,如图 1 - 3 - 18 所示。

图 1 - 3 - 18 所示窗口左下方的几个复选框的意义如下:

"Text Output"表示将输出文本形式的加密文件,隐含输出二进制文件。

"Input Is Text"表示输入的是文本。

"Wipe Original"表示彻底地销毁原始文件,此项应谨慎使用,因为如果忘了密码,就谁也打不开该文件了。

"Conventional Encryption"表示将用传统的 DES 方法加密,不用公钥系统,只能留在本地自己看,隐含的是用公钥系统加密。

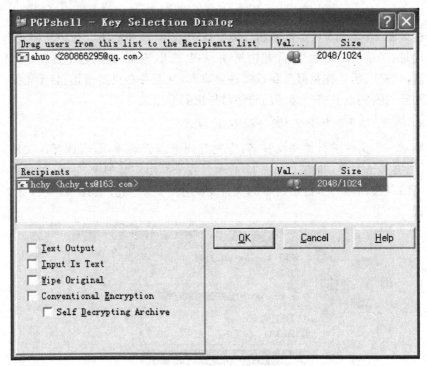

图 1-3-18 加密文件的密钥选择对话框

"Self Decrypting Archive"表示将创建一个自动解密的文件,加密和解密用的是同一个会话密钥,主要用于与没有安装 PGP 的用户交换密文。用户可选择一个文件进行加密,并设定加密文件的阅读者。加密后形成的文件名为:"＊.asc"或"＊.pgp"。双击该文件,即可依照提示解密文件。

若要对文件进行签名,可在 PGP 的子菜单中选择"Sign"菜单项,弹出窗口如图 1-3-19 所示。用户可在"Signing key"中选择签名人,因为签名要用到签名人的私钥,所以需要输入保护私钥的口令。此口令即为生成密钥时输入的一个长度超过 8 个字符,且包含非字母字符的短语。

签名后形成的文件名为:"＊.sig"。双击该文件,即可核对签名人的身份。

若用户在 PGP 子菜单中选择"Encrypt & Sign"则可同时完成加密与签名,步骤与上述相似。

用户可将加密文件和签名文件作为电子邮件的附件发送给其他人。如果用户的邮件软件已经安装了 PGP 插件,那么加密和签名的操作可以在邮件软件中进行。

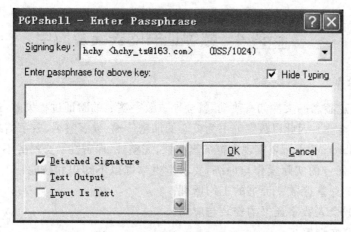

图 1 - 3 - 19　输入口令进行签名

4. 使用 PGP 销毁秘密文件

　　文件的销毁操作很简单。右击文件名,在弹出的快捷菜单中选择 PGP,拉出其子菜单,如图 1 - 3 - 17 所示。选择"Wipe"菜单项,然后会弹出一个窗口要求用户确认。单击"Yes"按钮,即可销毁文件,如图 1 - 3 - 20 所示。注意,此功能需谨慎使用。

图 1 - 3 - 20　确认销毁

任务4 数字证书的安装及应用

【任务描述】

一份经过签名的文件如有改动,就会导致数字签名的验证过程失败,这样就保证了文件的完整性。因此以数字证书为核心的加密传输、数字签名、数字信封等安全技术,使得在 Internet 上可以实现数据的真实性、完整性、保密性及交易的不可抵赖性。

通过本任务的实际操作与训练,要求学生掌握以下知识和技能:

(1)理解并掌握数字证书的工作原理。

(2)掌握个人数字证书的安装与应用。

(3)掌握文档签名。

【相关知识】

数字证书与公钥密码体制紧密相关。在公钥密码体制中,每个实体都有一对互相匹配的密钥:公开密钥(Public Key 公钥)和私有密钥(Private Key 私钥)。公开密钥为一组用户所共享,用于加密或验证签名;私有密钥仅为证书拥有者本人所知,用于解密或签名。

当发送一份秘密文件时,发送方使用接收方的公钥对该文件加密,而接收方则使用自己的私钥解密。因为接收方的私钥仅为本人所有,其他人无法解密该文件,所以能保证文件安全到达目的地。

1. 数字证书的作用

1)身份认证

数字证书中包括的主要内容有:证书拥有者的个人信息、证书拥有者的公钥、公钥的有效期、颁发数字证书的 CA、CA 的数字签名等。所以网上双方经过相互验证数字证书后,不用再担心对方身份的真伪,可以放心地与对方进行交流或授予相应的资源访问权限。

2)加密传输信息

无论是文件、批文,还是合同、票据、协议、标书等,都可以经过加密后在Internet 上传输。发送方用接收方的公钥对报文进行加密,接收方用只有自己才有的私钥进行解密,得到报文明文。

3)数字签名抗否认性

在现实生活中用公章、签名等来实现的抗否认性在网上可以借助数字证书的数字签名来实现。数字签名不是书面签名的数字图像,而是在私有密钥控制下对报文本身进行密码变化形成的。数字签名能实现报文的防伪造和防抵赖。

2. 数字证书应用

1）网上办公

网上办公的主要内容包括：文件的传送、信息的交互、公告的发布、通知的传达、工作流控制、员工培训以及财务人事等其他方面的管理。数字证书的使用可以完美地解决安全传输、身份识别和权限管理等问题，使网上办公顺畅实现。

2）网上政务

随着网上政务各类应用的增多，原来必须指定人员到政府各部门窗口办理的手续都可以在网上实现，如网上注册申请、申报、注册、网上纳税、网上审批、指派任务等。数字证书可以保证网上政务应用中身份识别和文档安全传输的实现。

3）网上交易

网上交易主要包括网上谈判、网上采购、网上销售、网上支付等方面。网上交易极大地提高了交易效率，降低了成本。而数字证书可以解决网上身份无法识别、网上信用难以保证等难题。

【实现过程】

1. 数字证书的申请

连接到：testca. netca. net。由于证书的申请会在加密方式下进行，而网证通 NETCA 是没有经过验证的 CA，系统会自动弹出安全警报，点击"是"继续下一步，点查看证书可看到对方证书的详细信息，如图 1-4-1 和图 1-4-2 所示。

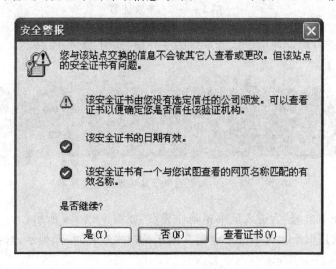

图 1-4-1 安全警报

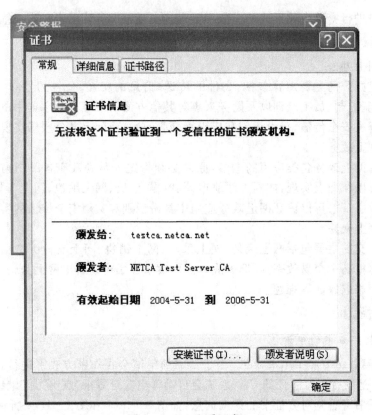

图 1-4-2　查看证书

确认后进入网证通电子认证系统的主界面,如图 1-4-3 所示。

图 1-4-3　网证通电子认证系统的主界面

点击"证书申请"后进入证书申请主界面,如图 1-4-4 所示。

点击"试用型个人数字证书申请",由于是初次安装,按照提示,选择"安装证书链",如图 1-4-5 所示。

图1-4-4 证书申请主界面

> ① **特别提示**
>
> 只有安装了试用CA证书链的计算机，才能完成后面的申请步骤和正常使用您在本中心申请的数字证书。
>
> 请您点击以下"安装证书链"图标，如果您没有安装过本公司的试用型根证书，那么系统将提示您是否将证书添加到根证书存储区，请选择"是"。然后系统将自动将CA证书链安装到您的计算机上，安装完成后系统将提示您证书下载完毕。点击"确定"即可。
>
> 在成功安装试用CA证书链后，请您点击"继续"图标，进行下一步操作。

安装证书链	继续

图1-4-5 选择"安装证书链"

由于该网站没有经过安全确认（未安装根证书），在弹出的对话框中确定（选"是"）以继续下一步，如图1-4-6所示。

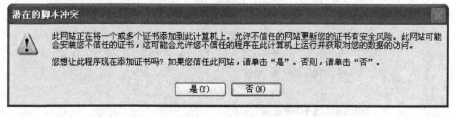

图1-4-6 确认对话框

点击"是"，确定图1-4-7就可完成根证书的安装，该站点就被确认为信任的机构CA了。

系统还要求输入证件号码、出生年月、地址等个人附加资料，以上这些资料与其客服有关，可以不用填写，如图1-4-8所示。

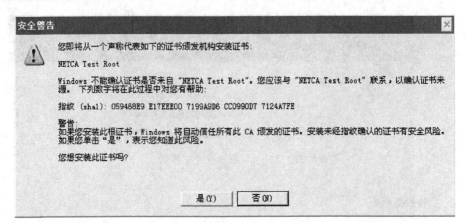

图 1-4-7 安全警告

申请试用型个人数字证书

☞ 1、填写并提交申请表格	2、下载并安装您的数字证书

您的基本信息

请输入以下各栏信息，不可填写特殊字符。所有的信息都需要正确填写，否则将无法完成下面的申请步骤。

请输入您的姓名： （示例：张三）	ahuo （必填）
请选择您所在的国家： （示例：中国）	中国 ▾ （必填）
请选择您所在的省份或直辖市： （示例：广东）	甘肃 ▾ （必填）
请输入您所在的城市： （示例：广州市）	天水市 （必填）
请输入您的电子邮件地址： （示例：rs@cnca.net）	hchy_ts@163.com （必填）

图 1-4-8 填写基本信息

资料填写完后会显示《北京网证通科技有限公司（试用型）电子认证服务协议》，点击"继续"后同意以上协议。如图 1-4-9 所示，数字证书申请成功。

申请试用型个人数字证书

1、填写并提交申请表格	2、下载并安装您的数字证书

我们已经受理了您的请求并为您签发了证书，下面是您的证书业务受理号，下载证书时要用到该号码和密码，**密码已经发往您的邮箱hchy_ts@163.com。**

您的证书业务受理号（请牢记）：0102-20090212-000001

安 装 证 书

图 1-4-9 数字证书申请成功

2. 安装个人证书

在以上步骤中，证书已经申请完毕，并且已经取得一个"证书业务受理号"，如图 1-4-9 所示。通过这个号码和之前设定的密码就可以下载到相应的数字证书，如图 1-4-10 所示。

安 装 数 字 证 书

安装数字证书身份校验

在安装我们为您签发的数字证书之前，需要您提交相应的信息以验证您的身份。请输入您的证书业务受理号和密码，进入安装数字证书页面。

如果您忘记证书业务受理号及密码，请从邮件中取回。将证书业务受理号及密码填入后，点击"确定"按钮，进入安装证书页面。

您的证书业务受理号：0102-20090212-00

您的密码：●●●●●●●

确 定　重 置

注意：
1、证书业务受理号及密码在成功提交证书请求后由服务器生成的，并在页面上显示，同时已经发送邮件通知用户；
2、申请、下载及使用证书的操作必须是在同一部机器上进行。

图 1-4-10 安装数字证书身份校验

输入正确,系统会再次显示你填写的个人信息,如图 1-4-11 所示。

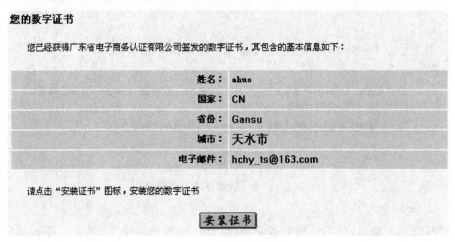

图 1-4-11　数字证书信息

在安装证书前,系统会再次弹出对话框,确认证书的合法性,如图 1-4-12
所示。

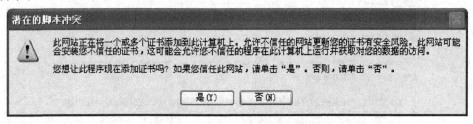

图 1-4-12　确认对话框

在以上对话框中作最后的确定,点击"是",就可以看到系统提示证书安装成
功,如图 1-4-13 所示。

证书成功下载
证书已成功装入应用程序中。

图 1-4-13　证书下载成功

3. 验证证书的安装

证书安装完毕,需要进一步验证安装的正确性。在开始菜单中,运行"mmc"进入控制台,如图1-4-14所示。

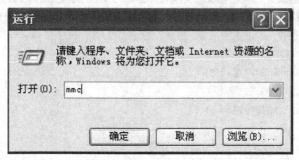

图1-4-14 运行"mmc"

在控制台中,选择"添加/删除管理单元"后,添加"证书"管理单元。如果安装正确,在"个人">>"证书"一项中就可以看到颁发者为"NETCA Test Individual CA"的个人数字证书,如图1-4-15所示。

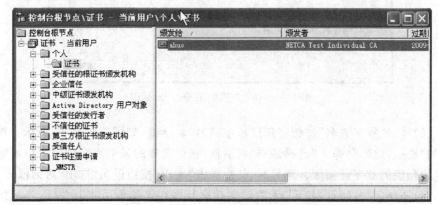

图1-4-15 个人数字证书正确安装

4. 文档签名

有很多重要的数据报表,因为要交给领导看,加密码和设置权限都不太合适,但又怕被其他人改动,有没有办法能够使报表在送到领导手上的时候保证其原始性和完整性?这一小节我们利用自己申请的数字证书来保证Word文档的完整性。

(1)打开需要保护的用户文档,这些文档可以是Word文档、Excel文档或PPT文档。本文以保护Word文档为例,其他两种类型文档的保护操作与此类同。

(2)在要保护的 Word 文档中,单击"工具"菜单中的"选项"命令,在弹出的"选项"对话框中单击"安全性"选项卡,如图 1-4-16 所示。

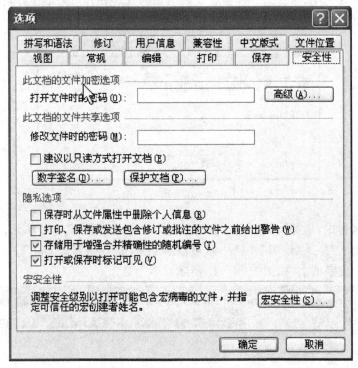

图 1-4-16 "选项/安全性"对话框

(3)单击"数字签名"按钮,打开"数字签名"对话框,如图 1-4-17 所示。单击"添加"按钮,此时会弹出"选择证书"对话框,在供选择的证书列表中就可以看到我们刚才创建的数字证书了。选好后,依次单击"确定"按钮退出"选项"对话框。

(4)添加完"数字证书"后,无需对文档进行保存操作即可将其关闭,当我们再次打开该文档时,在窗口的标题中我们就可以看到"已签名,未验证"的提示信息,如图 1-4-18 所示,这表明刚才添加的"数字证书"已经生效了。

(5)对于已添加数字证书的文档,只要打开后对其进行改动过(包括创建和添加该证书的本人),在保存该文档时,系统会弹出如图 1-4-19 所示的警告提示,如果确认了保存操作,则下次打开该文档时,标题栏中的"已签名,未验证"的提示信息就会消失了。如果选择"否",则该数字证书仍然有效,但同时对文档的修改操作就无法保存到文档中去了。

图 1 - 4 - 17 "数字签名"对话框

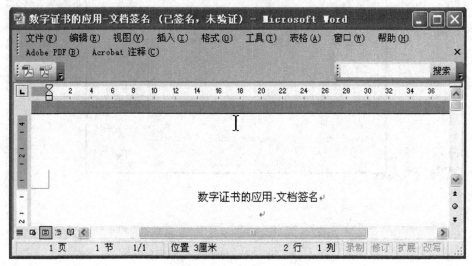

图 1 - 4 - 18 签名后的文档

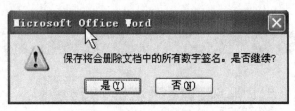

图 1 - 4 - 19　警告对话框

　　根据以上情形,就可以判断文档在传递过程中的原始性和完整性了,从而有效地保护了我们的文档,大大地提高了文档的安全性。

　　5. 应用证书到邮件客户端

　　证书安装完成,要把邮件集成到电子邮件客户端软件 Outlook Express 6 中。打开 Outlook Express 6,点击菜单栏"工具"→"帐户",弹出"Internet 帐户"对话框,如图 1 - 4 - 20 所示。

图 1 - 4 - 20　"Internet 帐户"对话框

　　选中当前的帐户(图 1 - 4 - 20 中 Hotmail),点击属性,进入对此属性的详细配置。面板中有"常规"、"服务器"、"连接"、"安全"四个选项,选中"安全",可以看到有"证书"一栏,如图 1-4-21 所示,点击右边的选择。

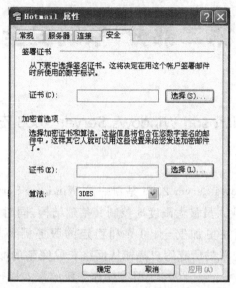

图 1-4-21 Hotmail 属性详细配置

此时可以看到刚刚安装完成的 NETCA Test 证书,如图 1-4-22 所示,确定后证书就集成到邮件的帐户中了。

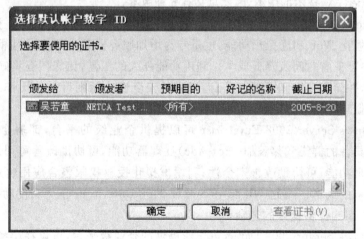

图 1-4-22 选择使用的证书

第二部分 系统安全

任务1 Microsoft Windows Server 2008 安装和安全配置

【任务描述】

Microsoft Windows Server 2008 是新一代 Windows Server 操作系统,可以帮助信息技术（IT）专业人员最大限度地控制其基础结构,同时提供空前的可用性和管理功能,建立比以往更加安全、可靠和稳定的服务器环境。Windows Server 2008 可以确保任何位置的所有用户都能从网络获取完整的服务,从而为组织带来新的价值。Windows Server 2008 还具有操作系统的深入检查和诊断功能,使管理员有更多时间用于创造业务价值。

Windows Server 2008 发行了多种版本,以支持各种规模的企业对服务器不断变化的需求。Windows Server 2008 有 5 种不同版本,另外还有三个不支持 Windows Server Hyper‐V 技术的版本,因此总共有 8 种版本。

Windows Server 2008 Standard 是迄今最稳固的 Windows Server 操作系统,其内置的强化 Web 和虚拟化功能,也是专为增加服务器基础架构的可靠性和弹性而设计,亦可节省时间及降低成本。利用功能强大的工具,让您拥有更好的服务器控制能力,并简化设定和管理工作;而增强的安全性功能则可强化操作系统,以协助保护数据和网路,并可为您的企业提供扎实且可高度信赖的基础。

Windows Server 2008 Enterprise 可以提供企业级的平台,部署企业关键应用。其所具备的群集和热添加（Hot‐Add）处理器功能,可协助改善可用性;而整合的身份管理功能,可协助改善安全性;利用虚拟化授权权限整合应用程序,则可减少基础架构的成本。因此 Windows Server 2008 Enterprise 能为高度动态、可扩充的 IT 基础架构提供良好的基础。

Windows Server 2008 Datacenter 所提供的企业级平台,可以在小型和大型服务器上部署企业关键应用及大规模的虚拟化。其所具备的群集和动态硬件分割功能可改善可用性,而通过无限制的虚拟化许可授权来巩固应用可减少基础架构的成本。此外,此版本亦可支持 2～64 颗处理器,因此 Windows Server 2008 Datacenter 能够提供良好的基础,用以建立企业级虚拟化和扩充解决方案。

通过本任务的实际操作与训练,要求学生掌握以下知识和技能:

(1)掌握 Windows Server 2008 操作系统的安装过程。

(2)熟练对 Windows Server 2008 进行基本设置和安全性设置。

【相关知识】

1. Windows Server 2008 的增强功能

1)更强的控制能力

使用 Windows Server 2008,IT 专业人员能够更好地控制服务器和网络基础结构,从而可以将精力集中在处理关键业务需求上。增强脚本编写功能和任务自动化功能(例如,Windows PowerShell)可帮助 IT 专业人员自动执行常见 IT 任务。通过服务器管理器进行的基于角色的安装和管理简化了在企业中管理与保护多个服务器角色的任务。服务器的配置和系统信息是从新的服务器管理器控制台这一集中位置来管理的。IT 人员可以仅安装需要的角色和功能,向导会自动完成许多费时的系统部署任务。增强的系统管理工具(例如,性能和可靠性监视器)提供有关系统的信息,在潜在问题发生之前向 IT 人员发出警告。在 Windows Server 2008 中,所有的电源管理设置已被组策略启用,通过组策略控制电源设置可以大量节省公司金钱,这样就潜在地节约了成本。比如,你可以通过修改组策略设置中特定电源的设置,或通过使用组策略建立一个定制的电源计划。

2)灵活性

Windows Server 2008 的设计允许管理员修改其基础结构来适应不断变化的业务需求,同时保持了此操作的灵活性。它允许用户从远程位置(如远程应用程序和终端服务网关)执行程序,这一技术为移动工作人员增强了灵活性。Windows Server 2008 使用 Windows 部署服务(WDS)加速对 IT 系统的部署和维护,使用 Windows Server 虚拟化(WSV)帮助合并服务器。对于需要在分支机构中使用域控制器的组织,Windows Server 2008 提供了一个新配置选项:只读域控制器(RODC),它可以防止在域控制器出现安全问题时暴露用户帐户。

3)自修复系统

从 DOS 时代开始,文件系统出错就意味着相应的卷必须下线修复,而在 Windows Server 2008 中,一个新的系统服务会在后台默默工作,检测文件系统错误,并且可以在无需关闭服务器的状态下自动将其修复。

有了这一新服务,在文件系统发生错误的时候,服务器只会暂时停止无法访问的部分数据,整体运行基本不受影响,所以 CHKDSK 基本就可以退休了。

4)快速关机服务

Windows 的一大历史问题就是关机过程缓慢。在 Windows XP 里,一旦关机开始,系统就会开始一个 20 秒钟的计时,之后提醒用户是否需要手动关闭程序,而在 Windows Server 里,这一问题的影响会更加明显。

到了 Windows Server 2008,20 秒钟的倒计时被一种新服务取代,可以在应用程序需要被关闭的时候随时、一直发出信号。开发人员开始怀疑这种新方法会不会过多地剥夺应用程序的权利,但他们现在已经接受了它,认为这是值得的。

5)核心事务管理器

这项功能对开发人员来说尤其重要,因为它可以大大减少甚至消除最经常导致系统注册表或者文件系统崩溃的原因:多个线程试图访问同一资源。

在 Vista 核心中也有 KTM 这一新组件,其目的是方便进行大量的错误恢复工作,而且过程几乎是透明的,而 KTM 之所以可以做到这一点,是因为它可以作为事务客户端接入的一个事务管理器进行工作。

除了以上五个增强型功能之外,Windows Server 2008 还有一些其他功能,如 SMB2 系统、随机地址空间分布(ASLR)、硬件错误架构、虚拟化、PowerShell 命令行、Win2008IE 安全和 UAC 等,在此就不再一一赘述了,感兴趣的可以自己通过操作实践一下。

2. 创新特性

Windows Server 2008、Visual Studio 2008 和 SQL Server 2008 为创建和运行高要求的应用程序提供了一个安全可靠的平台。同时,也为下一代 Web 应用提供了坚实的基础、广泛的虚拟化技术支持以及相关信息的访问能力。进一步改善的安全技术、开发人员对最新平台的支持、改进的管理工具和 Web 工具、灵活的虚拟化解决方案以及相关信息的访问能力,使得广泛的技术解决方案成为可能。为 IPv4 和 IPv6 重新设计的下一代 TCP/IP 协议栈的支持不同性能和连通性的网络环境和技术需求。

Windows Server 2008 在虚拟化技术及管理方案、服务器核心、安全部件及网络解决方案等方面具有众多令人兴奋的创新性能:通过内置的服务器虚拟化技术,Windows Server 2008 可以帮助企业降低成本,提高硬件利用率,优化基础设施,并提高服务器可用性;通过 Server Core、PowerShell、Windows Deployment Services 以及增强的联网与集群技术等,Windows Server 2008 为工作负载和应用要求提供功能最为丰富且可靠的 Windows 平台;Windows Server 2008 的操作系统和安全创新,为网络、数据和业务提供网络接入保护、联合权限管理以及只读的域控制器等前所未有的保护,是有史以来最安全的 Windows Server;通过改进的管理、诊断、开发与应用工具,以及更低的基础设施成本,Windows Server 2008 能够高效地提供丰富的 Web 体验和最新网络解决方案。动态硬件分区有助于使 Windows Server 2008 在诸如增加的可靠性和可用性,提升资源管理和按需容量上受益。Windows Server 2008 中改进的故障转移集群(前身为服务器集群,是一组一起工作能使应用程序和服务达到高可用性的独立服务器)的目的是简化集群,使它们更安全,提高集群的稳定性。群集的设置和管理已经变得更为简易。改进了集群中的安全性和网络,并作为一种故障转移群集与存储的方式。

作为新一代开发工具,Visual Studio 2008 能帮助开发团队在最新的平台上开发杰出的用户体验,同时,通过进行灵活快速开发实现生产效率新突破,并使开发团队更好地进行协作:从建模到编码和调试,Visual Studio 2008 对编程语言、设计器、编辑器和数据访问功能进行了全面的提升,确保开发人员克服软件开发难题,快速创建互联应用程序;Visual Studio 2008 为开发人员提供了一些新的工具,在最新的平台上快速地构建杰出的、高度人性化用户体验的和互联的应用,这些最新平台包括 Web、Windows Vista、Office 2007、SQL Server 2008、Windows Mobile 和 Windows Server 2008;Microsoft Visual Studio Team System 2008 提供完整的工具套件和统一的开发过程,适用于任何规模的开发团队,帮助所有团队成员提高自身技能,使得开发人员、设计人员、测试人员、架构师和项目经理更好地协同工作,缩短软件或解决方案的交付时间。

SQL Server 2008 提供了一个可靠的、高效的、智能化的数据平台,可以运行需求最苛刻新功能的、完成关键任务的应用程序。SQL Server 2008 新增了诸多功能,如:Resource Governor 管理并发工作负载;通过 Policy－Based Management 在企业范围内加强策略的兼容性;通过数据压缩以及稀疏列来降低存储需求并提升查询性能;在 SQL Server Reporting Services 中利用其提升的性能,高可用性,虚拟化技术与 Microsoft Office 2007 高度集成;通过对空间数据的支持,实现对地理信息软件的集成等。SQL Server 2008 提供可靠的数据平台,通过一个安全、可靠,并且可扩展的平台上运行最关键的应用程序,保护您的数据,确保业务连贯性,提供可预知的响应;同时,SQL Server 2008 的高效的数据平台,能够降低数据管理的成本,同时流线型部署数据应用程序。拥有更便捷的操作维护,加快开发过程,从任意地点访问您的数据,存储并处理任意类型的数据并实现地理信息的集成;SQL Server 2008 智能化的数据平台,在整个企业范围内实现商务智能,管理任意大小、任意复杂度的报表和数据分析,实现强大的界面交互并与 Microsoft Office System 高度集成。集成任意数据,提供相关信息,提升信息的洞察力。

3. Windows Server 2008 对硬件的安装要求

Windows Server 2008 对硬件的安装要求见表 2-1-1。

表 2-1-1 Windows Server 2008 对硬件的安装要求

种类	建议事项
处理器	• 最小：1 GHz • 建议：2 GHz • 最佳：3 GHz 或者更快速的 注意：一个 Intel Itanium 2 处理器支援 Windows Server 2008 for Itanium-based Systems
内存	• 最小：512 MB RAM • 建议：1 GB RAM • 最佳：2 GB RAM（完整安装）或者 1 GB RAM（Server Core 安装）或者其他 • 最大（32 位系统）：4 GB（标准版）或者 64 GB（企业版 以及 数据中心版） • 最大（64 位系统）：32 GB（标准版）或者 2 TB（企业版，数据中心版，以及 Itanium-based 系统）
允许的硬盘空间	• 最小：8 GB • 建议：40 GB（完整安装）或者 10 GB（Server Core 安装） • 最佳：80 GB（完整安装）或者 40 GB（Server Core 安装）或者其他 注意：Computers with more than 16 GB of RAM will require more disk space for paging, hibernation, and dump files
光盘驱动器	DVD-ROM
显示	• Super VGA（800×600）或者更高级的显示器 • Microsoft Mouse 或者其他可以支持的装置 • 键盘

【实现过程】

1. Windows Server 2008 的安装过程

与以往 Windows Server 家族的操作系统有很大区别，Windows Server 2008 的安装过程是基于镜像文件的，是从 Windows Server 2008 DVD 上的 Windows Imaging Format（WIM）文件安装的。它的安装光盘中包含了所有主要版本：Windows Server 2008 Standard、Windows Server 2008 Enterprise、Windows Server 2008 Datacenter 版，而且分为 32 位和 64 位。

在计算机的 DVD 中插入安装光盘,启动计算机后,先是看到读取光盘数据,如图 2-1-1 所示。

图 2-1-1　计算机读取光盘数据

接下来出现选择安装语言等选项,选择"中文(简体)",直接下一步,如图 2-1-2所示,进入安装界面,如图 2-1-3 所示。

输入产品密钥,接受许可协议。当然也可以不在这里输入产品密钥,而直接点击下一步,这时会出现一个警告,点击"否"即可。然后在出现的列表中选择所拥有的密钥代表的版本,同时把下面的复选框的勾打上。如图 2-1-4 所示。

以下选择项主要根据授权序列号和系统需求进行选择,当然,如果只是进行测试性安装,则可以随便选择。本实操以企业版完全安装版进行讲解,如图 2-1-5所示。

选择好安装版本后,出现许可条款,如图 2-1-6 所示。这个当然要细看,如果同意,就可以进行下面安装,如果不同意条款,可以结束安装。

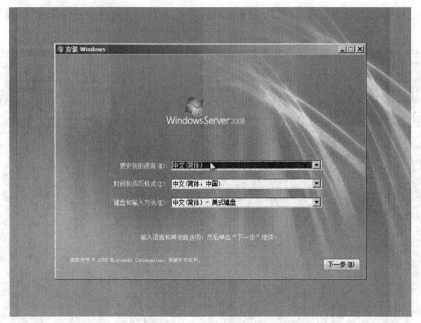

图 2-1-2　选择安装语言

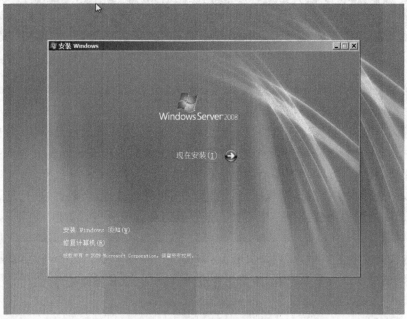

图 2-1-3　进入安装界面

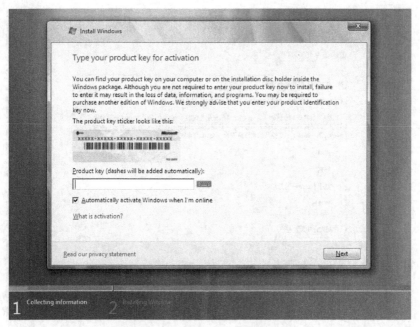

图 2-1-4 输入产品密钥界面

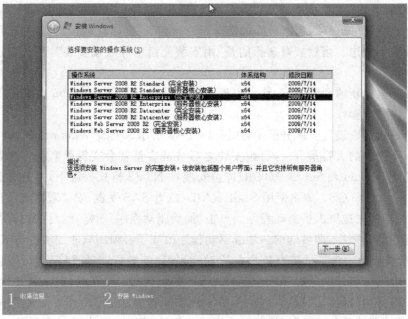

图 2-1-5 选择安装版本

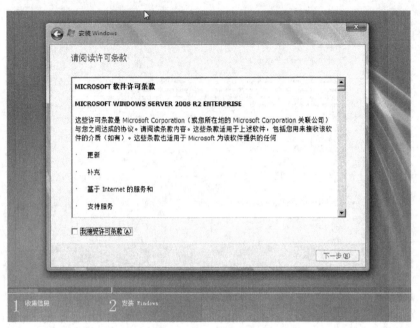

图 2-1-6 许可条款

下面的选择项如图 2-1-7 所示,如果想从以前的 2003 服务器(或者其他)版本升级,就选择第一项,当然最好的情况是选自定义,全新安装,这也是基于系统稳定和安全的考虑。当然如果选择的是"用安装光盘引导启动安装",则升级是不可用的。

如果是全新的硬件系统,硬盘也没有进行分区,则可以用 2008 自带的工具进行分区格式化操作。

下面就可以设置安装分区了,如图 2-1-8 所示。安装 Windows Server 2008 需要一个干净的大容量分区,否则安装之后分区容量就会变得很紧张。需要特别注意的是,Windows Server 2008 只能被安装在 NTFS 格式分区下,并且分区剩余空间必须大于 8 GB。如果使用 SCSI、RAID、或者 SAS 硬盘,安装程序无法识别硬盘,那么需要在这里提供驱动程序。点击"加载驱动程序"图标,然后按照屏幕上的提示提供驱动程序,即可继续。加载驱动程序改变了必须用软驱加载的方式,可以用 U 盘或移动硬盘等设备直接添加驱动。当然,安装好驱动程序后,可能还需要点击"刷新"按钮让安装程序重新搜索硬盘。如果硬盘是全新的,还没有使用过,硬盘上没有任何分区以及数据,那么接下来还需要在硬盘上创建分区。这时候可以点击"驱动器选项(高级)"按钮新建分区或者删除现有分区(如果是老硬盘)。

图 2-1-7 选择安装方式(升级还是全新安装)

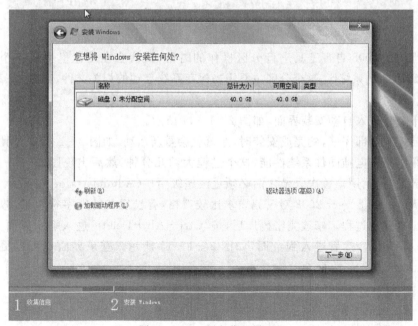

图 2-1-8 硬盘分区界面 1

在"驱动器选项（高级）"可以方便地进行磁盘操作，如删除、新建分区，格式化分区，扩展分区等，如图 2 - 1 - 9 所示。

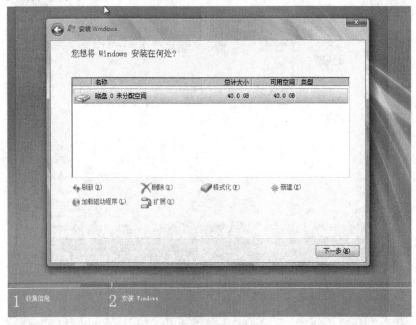

图 2 - 1 - 9　硬盘分区界面 2

当使用 2008 自带工具进行分区操作的时候，默认会在硬盘里生成一个大约 100 MB 左右的系统区，这个分区主要用来保存系统启动的相关文件，如图 2 - 1 - 10 所示。

下一步进入自动安装界面，如图 2 - 1 - 11 所示。

待安装全部完成，到完成安装时，系统就会重新启动，如图 2 - 1 - 12 所示。

根据个人电脑硬件系统性能，这个过程大约几分钟，然后出现图 2 - 1 - 13 所示的界面，提示用户首次登录之前必须更改超级用户（Administrator）密码。

Windows Server 2008 对密码要求比较严格，有长度和特殊字符要求，修改完成后出现确定过程。修改完密码以后，按"Ctrl＋Alt＋Delete"进入登录界面，如图 2 - 1 - 14 所示，然后进入到桌面，如图 2 - 1 - 15 所示。登录界面也可以更改为 Windows7 的登录界面。

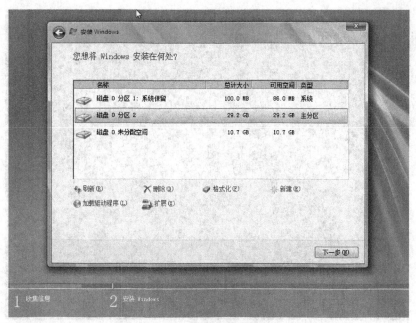

图 2-1-10 选择系统的安装分区

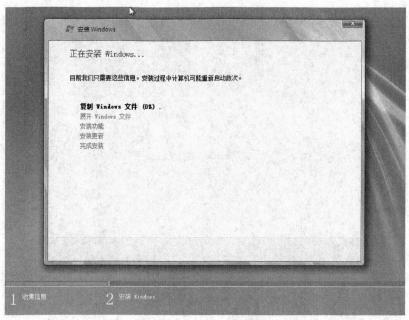

图 2-1-11 进入安装界面

安装程序正在为首次使用计算机做准备

图 2-1-12　完成安装后系统自动重启

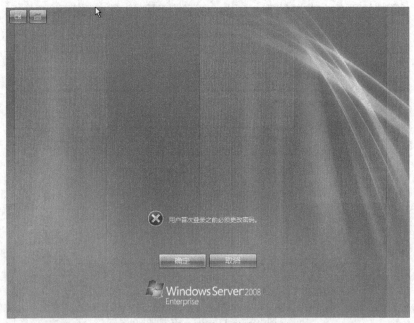

图 2-1-13　安装完成首次登录界面

图 2-1-14　按 Ctrl＋Alt＋Delete 键登录桌面

图 2-1-15　第一次登录桌面

接下来,为了让管理者能够操作 Windows Server 2008,还需要加载 Windows Server 2008 的驱动程序,但是目前 Windows Server 2008 的驱动程序还不是很健全,尤其是一些老的硬件设备。碰到未知设备,可以尝试在随机自带的光盘中自动扫描驱动,大多数时候可以解决未知设备驱动问题。如扫描不到,那就只能到相关的网站下载驱动了。

至此,Windows Server 2008 基本安装完成。

2. Windows Server 2008 的安全性设置

1)安装驱动

在安装完系统后,首先要安装硬件驱动。

驱动的安装顺序通常是:芯片组、显卡、声卡、网卡或其他设备,有些驱动如网卡等,可能系统已经安装好,就不用另行安装了。

2)安装主题及启用 Aero 效果

首先要安装显卡驱动,才能启用 Aero 界面特效。打开"开始"→"管理工具"→"服务器管理"在左边一栏找到"功能",然后点击"添加功能",到"桌面体验"并安装。之后在服务中开启"Theme"服务。

3)关闭 IE 增强的安全体验

这是微软针对服务器系统安全性要求,对 IE 浏览器提供的安全限制,但对于桌面使用则影响了进行正常的网页浏览,所以可以在"服务器管理器"界面中,打开"配置 IE SEC"对话框,将针对管理员组和普通用户组的配置都设置成"关闭"状态。当然,如果使用的是 Firefox 等非 IE 内核浏览器,那么这个设置就无关紧要了。

4)去掉登录密码复杂性限制

打开"开始"→"运行",键入"secpol. msc",打开"本地安全策略"。在窗口的左边部分,选择"帐户策略"→"密码策略",在右边窗口双击"密码符合复杂性要求",在弹出的对话框中选择"已禁用",然后点击"确定"保存后退出。

5)免除登录时按 Ctrl+Alt+Del 的限制

打开"开始"→"运行",键入"secpol. msc",打开"本地安全策略"。在窗口的左边部分,选择"本地策略"→"安全选项",在右边窗口双击"交互式登录",不需要按"Ctrl + Alt + Del",在弹出的对话框中选择"已启用",然后点击"确定"保存后退出。

6)关闭关机事件跟踪程序

关机事件跟踪也是 Server 系统区别于桌面系统的一个设置,每次关机或重启都让用户选择一个理由,十分烦人,但对于服务器来说这是一个必要的选择。同样可以禁止它。方法是:打开"开始"→"运行",键入"gpedit. msc",打开"组策略编辑器"。在窗口的左边部分,选择"计算机配置"→"管理模板"→"系统",在右边窗口双击"显示关闭事件跟踪程序",在出现的对话框中选择"已禁用",然后点击"确定"保存后退出。

7)安装 IE Flash 插件

打开"Internet 选项"→"安全"→"本地 Internet",把安全级别设置成最低,打开含有 Flash 的网页就可以安装了。安装完可以将安全级别改回默认级别。

8)开启 Aero

要开启 Aero 效果需要启动相关服务。打开"开始"→"运行"(或者同时按住 Win+R 键),键入"services. msc",找到 Themes,右键开启服务。然后点击右键,选择"属性",把启动方式改为"自动"。

9)开启硬件加速

在桌面上点击右键选择"个性化"→"显示设置"→"高级设置","疑难解答"→"更改设置",把硬件加速滑到最大就行了。

10)优化前台程序运行

如果不想在浏览网页时开启多任务,或者听音乐的时候感觉到卡,就需要把性能优先到前台程序。打开"高级系统设置"→"高级"→"性能",优先"程序"而非"后台服务"。

任务2 Web 服务器的安全配置

【任务描述】

Web 服务是网络中应用最广泛的服务,主要用来搭建 Web 网站,向网络发布各种信息。如今大多数企业都拥有自己的网站,用来发布公司信息、宣传公司形象、实现信息反馈等。使用 Windows Server 2008 可以轻松方便地搭建 Web 网站。

IIS(Internet Information Services,互联网信息服务)是由微软公司提供的,用于配置应用程序池或 Web 网站、FTP 站点、SMTP 或 NNTP 站点的,基于 MMC (Microsoft Management Console)控制台的管理程序。IIS 是 Windows Server 2008 操作系统自带的组件,无需第三方程序,即可用来搭建基于各种主流技术的网站,并能管理 Web 服务器中的所有站点。IIS 是 Windows Server 2008(2003)操作系统集成的服务,通过该服务可以搭建 Web 网站,与 Internet、Intranet 或 Extranet 上的用户共享信息。在 Windows Server 2008 企业版中的版本是IIS7.0,

IIS7.0是一个集成了IIS、Asp.Net、Windows Communication Foundation的统一的Web平台,可以运行当前流行的、具有动态交互功能的ASP.NET网页。支持使用任何与.NET兼容的语言编写的Web应用程序。

IIS7.0提供了基于任务的全新UI(用户界面)并新增了功能强大的命令行工具,借助这些工具可以方便地实现对IIS和Web站点的管理。同时,IIS7.0引入了新的配置存储和故障诊断和排除功能。

通过本任务的实际操作与训练,要求学生掌握以下知识和技能:

(1)掌握Windows Server 2008操作系统中IIS的搭建过程。

(2)掌握Web服务器的安全设置。

【相关知识】

1. Web服务器简介

Web服务器是可以向发出请求的浏览器提供文档的程序。Web服务器也称为WWW(World Wide Web)服务器,其主要功能是提供网上信息浏览服务。WWW是Internet的多媒体信息查询工具,是Internet上近年才发展起来的服务,也是发展最快和目前应用最广泛的服务。正是因为有了WWW,才使得近年来Internet迅速发展,且用户数量飞速增长。

(1)服务器是一种被动程序:只有当Internet上运行在其他计算机中的浏览器发出请求时,服务器才会响应。

(2)最常用的Web服务器是Apache和Microsoft的Internet信息服务器(Internet Information Services,IIS)。

(3)Internet上的服务器也称为Web服务器,是一台在Internet上具有独立IP地址的计算机,可以向Internet上的客户机提供WWW、Email和FTP等各种Internet服务。

(4)Web服务器是指驻留于因特网上某种类型计算机的程序。当Web浏览器(客户端)连到服务器上并请求文件时,服务器将处理该请求并将文件反馈到该浏览器上,附带的信息会告诉浏览器如何查看该文件(即文件类型)。服务器使用HTTP(超文本传输协议)与客户机浏览器进行信息交流,这就是人们常把它们称为HTTP服务器的原因。

Web服务器不仅能够存储信息,还能在用户通过Web浏览器提供的信息的基础上运行脚本和程序。

2. Web协议

Web服务器最常用的协议主要有:应用层使用的HTTP协议、HTML(标准通用标记语言下的一个应用)文档格式、浏览器统一资源定位器(URL)。

3．WWW 简介

WWW 是 World Wide Web(环球信息网)的缩写,也可以简称为 Web,中文名字为"万维网"。它起源于 1989 年 3 月,由欧洲量子物理实验室 CERN(the European Laboratory for Particle Physics)所发展出来的主从结构分布式超媒体系统。通过万维网,人们只要通过使用简单的方法,就可以很迅速方便地取得丰富的信息资料。由于用户在通过 Web 浏览器访问信息资源的过程中,无需再关心一些技术性的细节,而且界面非常友好,因而 Web 在 Internet 上一推出就受到了热烈的欢迎,走红全球,并迅速得到了爆炸性的发展。

4．Web 服务器原理

Web 服务器的工作原理并不复杂,一般可分成如下 4 个步骤:连接过程、请求过程、应答过程以及关闭连接。下面对这 4 个步骤作一个简单的介绍。

连接过程就是 Web 服务器和浏览器之间所建立起来的一种连接。查看连接过程是否实现,用户可以找到和打开 socket 这个虚拟文件,这个文件的建立意味着连接过程这一步骤已经成功建立。

请求过程就是 Web 的浏览器运用 socket 这个文件向服务器而提出各种请求。

应答过程就是运用 HTTP 协议把在请求过程中所提出来的请求传输到 Web 的服务器,进而实施任务处理,然后运用 HTTP 协议把任务处理的结果传输到 Web 的浏览器,同时在 Web 的浏览器上面展示上述所请求之界面。

关闭连接就是当上一个步骤—应答过程完成以后,Web 服务器和其浏览器之间断开连接之过程。

Web 服务器上述 4 个步骤环环相扣、紧密相联,逻辑性比较强,可以支持多个进程、多个线程以及多个进程与多个线程相混合的技术。

【实现过程】

1．安装 IIS 服务器

在 Windows Server 2008 中 IIS 作为可选组件。默认安装的情况下,Windows Server 2008 不安装 IIS。为了能够清晰地说明问题,本章实操内容建立在 Web 服务器只向局域网提供服务的基础之上。

1)安装 IIS

启动 Windows Server 2008 时系统默认会启动"初始配置任务"窗口,如图 2-2-1所示,帮助管理员完成新服务器的安装和初始化配置。如果没有启动该窗口,可以通过"开始"→"管理工具"→"服务器管理器",打开服务器管理器窗口。

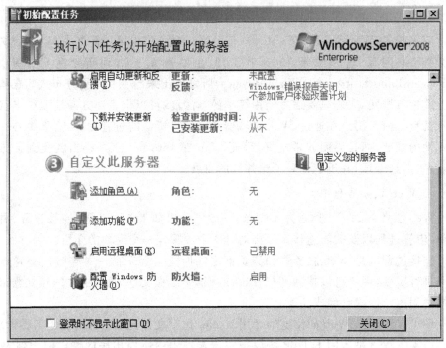

图 2-2-1　初始配置任务

　　点击"添加角色",打开"添加角色向导"的第一步"选择服务器角色"窗口,选择"Web 服务器(IIS)"复选框,如图 2-2-2 所示。

　　单击"下一步"按钮,显示如图 2-2-3 所示的"Web 服务器(IIS)"对话框,列出了 Web 服务器的简要介绍及注意事项。

　　单击"下一步"按钮,显示如图 2-2-4 所示"选择角色服务"对话框,其中列出了 Web 服务器所包含的所有组件,用户可以手动选择。此处需要注意的是,"应用程序开发"角色服务中的几项尽量都选中,这样配置的 Web 服务器将可以支持相应技术开发的 Web 应用程序。FTP 服务器选项是配置 FTP 服务器需要安装的组件,将在下一章做详细介绍。

　　单击"下一步"按钮,显示如图 2-2-5 所示的"确认安装选择"对话框。其中列出了前面选择的角色服务和功能,以供核对。

　　单击"安装"按钮,即可开始安装 Web 服务器。安装完成后,显示"安装结果"对话框。单击"关闭"按钮,Web 服务器安装完成。

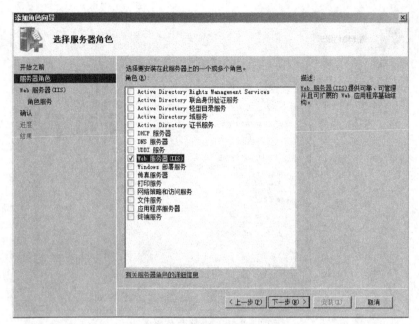

图 2-2-2 选择服务器角色

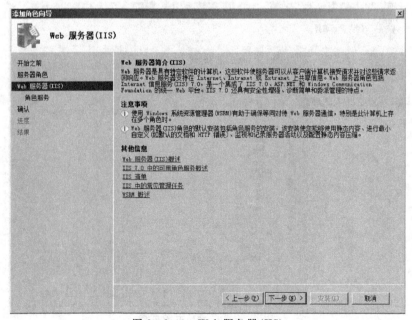

图 2-2-3 Web 服务器(IIS)

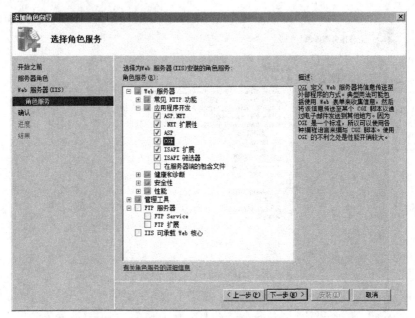

图 2-2-4　选择角色服务

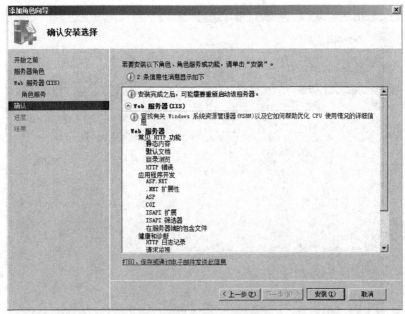

图 2-2-5　确认安装选择

通过"开始"→"管理工具"→"Internet 信息服务(IIS)管理器",打开 IIS 服务管理器。即可看到已安装的 Web 服务器,如图 2-2-6 所示。

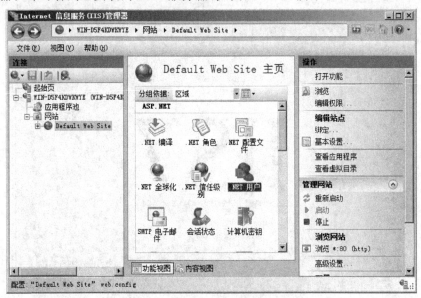

图 2-2-6　Internet 信息服务(IIS)管理器

Web 服务器安装完成后,默认会创建一个名字为"Default Web Site"的站点。为了验证 IIS 服务器是否安装成功,打开浏览器,在地址栏输入 http://localhost 或者"http://本机 IP 地址",如果出现如图 2-2-7 所示的界面,则说明 Web 服务器安装成功,否则说明 Web 服务器安装失败,需要重新检查服务器设置或者重新安装。

到此,Web 就安装成功并可以使用了。用户可以将做好的网页文件(如 Index. htm)放到 C:\inetpub\wwwroot 这个文件,然后在浏览器地址栏输入 http://localhost/Index. htm 或者 http://本机 ip 地址/Index. htm 就可以浏览做好的网页了。网络中的用户也可以通过 http://本机 ip 地址/Index. htm 方式访问你的网页文件。

2)配置 IP 地址和端口

Web 服务器安装好之后,默认创建一个名字为"Defalut Web Site"的站点,使用该站点就可以创建网站。默认情况下,Web 站点会自动绑定计算机中的所有 IP 地址,端口默认为 80,也就是说,如果一个计算机有多个 IP,那么客户端通过任何一个 IP 地址都可以访问该站点,但是一般情况下,一个站点只能对应一个 IP 地址,因此,需要为 Web 站点指定唯一的 IP 地址和端口。

图 2-2-7　Web 服务器欢迎页面

　　在 IIS 管理器中,选择默认站点,在如图 2-2-6 所示的"Default Web Site 主页"窗口中,可以对 Web 站点进行各种配置。在右侧的"操作"栏中,可以对 Web站点进行相关的操作。

　　点击"操作"栏中的"绑定"超链接,打开如图 2-2-8 所示"网站绑定"窗口。可以看到 IP 地址下有一个" * "号,说明现在的 Web 站点绑定了本机的所有 IP地址。

图 2-2-8　网站绑定

点击"添加"按钮,打开"添加网站绑定"窗口,如图 2-2-9 所示。

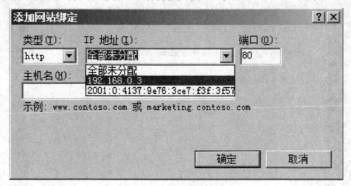

图 2-2-9　添加网站绑定

点击"全部未分配"后边的下拉箭头,选择要绑定的 IP 地址即可。这样,就可以通过这个 IP 地址访问 Web 网站了。端口栏表示访问该 Web 服务器要使用的端口号。在这里可以使用 http://192.168.0.3 访问 Web 服务器。此处的主机名是该 Web 站点要绑定的主机名(域名),可以参考 DNS 章节的相关内容。

提示:Web 服务器默认的端口是 80 端口,因此访问 Web 服务器时就可以省略默认端口;如果设置的端口不是 80,比如是 8000,那么访问 Web 服务器就需要用"http://192.168.0.3:8000"来访问。

3)配置主目录

主目录即网站的根目录,保存 Web 网站的相关资源,默认路径为"C:\Inetpub\wwwroot"文件夹。如果不想使用默认路径,也可以更改网站的主目录。打开 IIS 管理器,选择 Web 站点,点击右侧"操作"栏中的"基本设置"超级链接,显示如图 2-2-10所示的窗口。

在"物理路径"下方的文本框中显示的就是网站的主目录。此处"%SystemDrive%\"代表系统盘的意思。

在"物理路径"文本框中输入 Web 站点的目录的路径,如 d:\111,或者单击"浏览"按钮选择相应的目录。单击"确定"按钮保存。这样,选择的目录就作为了该站点的根目录。

4)配置默认文档

在访问网站时会发现这么一个特点,在浏览器的地址栏输入网站的域名即可打开网站的主页,而继续访问其他页面会发现地址栏最后一般都会有一个网页名。那么为什么打开网站主页时不显示主页的名字呢? 实际上,输入网址的时候,默认

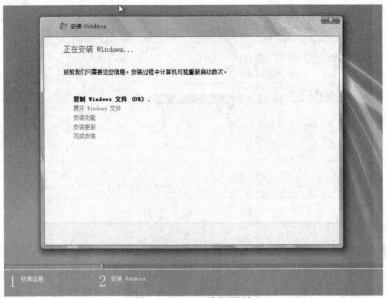

图 2-2-10　编辑网站

访问的就是网站的主页,只是主页名没有显示而已。通常,Web 网站的主页都会设置成默认文档,当用户使用 IP 地址或者域名访问时,就不需要再输入主页名,从而便于用户的访问。下面来看如何配置 Web 站点的默认文档。

在 IIS 管理器中选择默认 Web 站点,在"Default Web Site 主页"窗口中双击"IIS"区域的"默认文档"图标,打开如图 2-2-11 所示窗口。

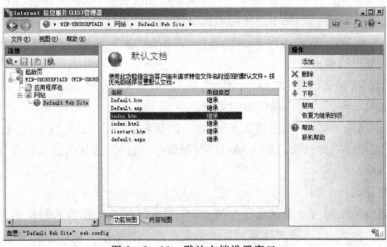

图 2-2-11　默认文档设置窗口

可以看到,系统自带了6种默认文档,如果要使用其他名称的默认文档,例如,当前网站是使用 ASP. NET 开发的动态网站,首页名称为 Index. aspx,则需要添加该名称的默认文档。

单击右侧的"添加"超链接,显示如图 2-2-12 所示窗口,在"名称"文本框中输入要使用的主页名称。单击"确定"按钮,即可添加该默认文档。新添加的默认文档自动排在最上面。

图 2-2-12 添加默认文档

当用户访问 Web 服务器时,输入域名或 IP 地址后,IIS 会自动按顺序由上至下依次查找默认文档列表中相应的文件名。因此,配置 Web 服务器时,应将网站主页的默认文档移到最上面。如果需要将某个文件上移或者下移,可以先选中该文件,然后使用图 8-11 右侧"操作"下的"上移"和"下移"实现。

如果想删除或者禁用某个默认文档,只需要选择相应默认文档,然后单击图 8-11 右侧"操作"栏中的"删除"或"禁用"即可。

提示:默认文档的"条目类型"指该文档是从本地配置文件添加的,还是从父配置文件读取的。对于自己添加的文档,"条目类型"都是本地。对于系统默认显示的文档,都是从父配置读取的。

5)访问限制

配置的 Web 服务器是要供用户访问的,因此,不管使用的网络带宽有多充裕,都有可能因为同时连接的计算机数量过多而使服务器死机。所以有时候需要对网站进行一定的限制,例如,限制带宽和连接数量等。

选中"Default Web Site"站点,点击右侧"操作"栏中的"限制"超链接,打开如图 2-2-13 所示的"编辑网站限制"对话框。IIS7 中提供了两种限制连接的方法,分别为限制带宽使用和限制连接数。

选择"限制带宽使用(字节)"复选框,在文本框中键入允许使用的最大带宽值。在控制 Web 服务器向用户开放的网络带宽值的同时,也可能降低服务器的响应速度。当用户 Web 服务器的请求增多时,如果通信带宽超出了设定值,请求就会被延迟。

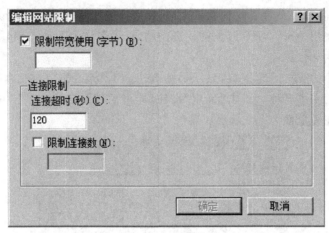

图 2 - 2 - 13　编辑网站限制

选择"限制连接数"复选框,在文本框中键入限制网站的同时连接数。如果连接数量达到指定的最大值,以后所有的连接尝试都会返回一个错误信息,连接将被断开。限制连接数可以有效防止试图用大量客户端请求造成 Web 服务器负载的恶意攻击。在"连接超时"文本框中键入超时时间,可以在用户端达到该时间时,显示为连接服务器超时等信息,默认是 120 秒。

提示:IIS 连接数是虚拟主机性能的重要标准,所以,如果要申请虚拟主机(空间),首先要考虑的一个问题就是该虚拟主机(空间)的最大连接数。

6)配置 IP 地址限制

有些 Web 网站由于其使用范围的限制,或者其私密性的限制,可能需要只向特定用户公开,而不是向所有用户公开。此时就需要拒绝所有 IP 地址访问,然后添加允许访问的 IP 地址(段),或者拒绝的 IP 地址(段)。需要注意的是,要使用"IP 地址限制"功能,必须安装 IIS 服务的"IP 和域限制"组件。

(1)设置允许访问的 IP 地址。

在"服务器管理器"(位置:"开始"→"程序"→"管理工具")的"角色"窗口中,单击"Web 服务器(IIS)"区域中的"添加角色服务",打开如图 2 - 2 - 14 所示的窗口,添加"IP 和域限制"角色。如果先前安装 IIS 时已安装该角色,那么就不需要安装;如果没有安装,则选中该角色服务,安装即可。

安装完成后,重新打开 IIS 管理器,选择 Web 站点,双击"IP 地址和域限制"图标,显示如图 2 - 2 - 15 所示的"IP 地址和域限制"窗口。

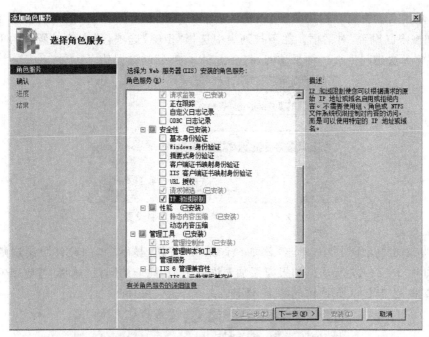

图 2-2-14 添加角色服务

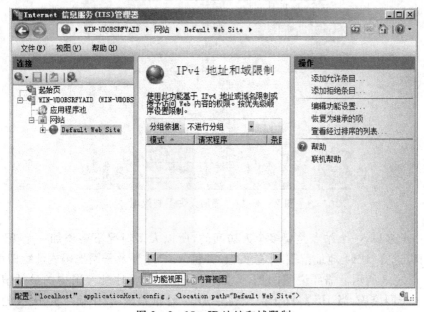

图 2-2-15 IP 地址和域限制

单击右侧"操作"栏中的"编辑功能设置"链接,显示如图 2-2-16 所示"编辑 IP 和域限制设置"对话框。在下拉列表中选择"拒绝"选项,那么此时所有的 IP 地址都将无法访问站点。如果访问,将会出现"403.6"的错误信息。

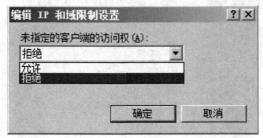

图 2-2-16　编辑 IP 和域限制设置

在右侧"操作"栏中,单击"添加允许条目"按钮,显示"添加允许限制规则"窗口,如图 2-2-17 所示。如果要添加允许某个 IP 地址访问,可选择"特定 IPv4 地址"单选按钮,键入允许访问的 IP 地址。

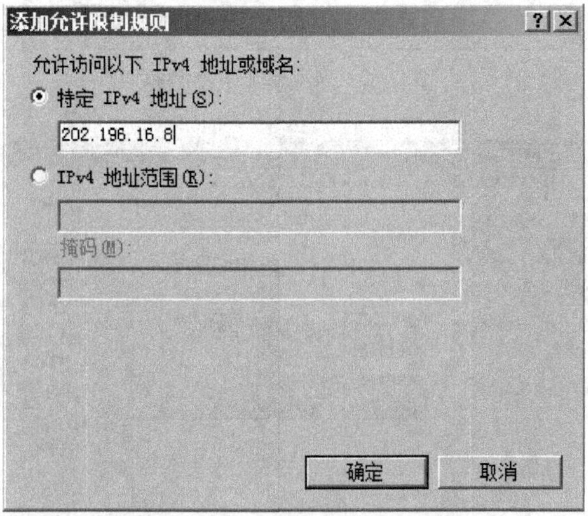

图 2-2-17　添加允许限制规则

一般来说,一个站点是要多个人访问的,所以大多情况下要添加一个 IP 地址段,可以选择"IPv4 地址范围"单选按钮,并键入 IP 地址及子网掩码或前缀即可,如图 2-2-18 所示。需要说明的是,此处输入的是 IPv4 地址范围中的最低值。然后输入子网掩码,当 IIS 将此子网掩码与"IPv4 地址范围"框中输入的 IPv4 地址一起计算时,就确定了 IPv4 地址空间的上边界和下边界。

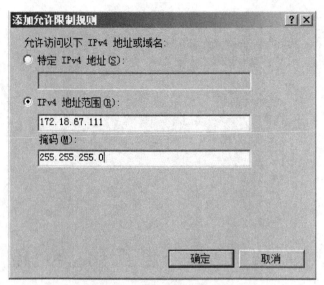

图 2 - 2 - 18　添加 IP 地址段

经过以上设置后,只有添加到允许限制规则列表中的 IP 地址才可以访问 Web 网站,使用其它 IP 地址都不能访问,从而保证了站点的安全。

(2)设置拒绝访问的计算机。

"拒绝访问"和"允许访问"正好相反。"拒绝访问"将拒绝一个特定 IP 地址或者拒绝一个 IP 地址段访问 Web 站点。比如,Web 站点对于一般的 IP 都可以访问,只是针对某些 IP 地址或 IP 地址段不开放,就可以使用该功能。

首先打开"编辑 IP 和域限制设置"对话框,选择"允许",使未指定的 IP 地址允许访问 Web 站点。具体设置方法可参考图 2 - 2 - 16。

单击"添加拒绝条目"超链接,显示如图 2 - 2 - 19 所示的对话框,添加拒绝访问的 IP 地址或者 IP 地址段即可。操作步骤和原理与"添加允许条目"相同,这里不再重复。

7)配置 MIME 类型

IIS 服务器中 Web 站点默认不仅支持像.htm,.html 等网页文件类型,还支持大部分的文件类型,比如.avi,.jpg 等。如果文件类型不为 Web 网站所支持,那么,在网页中运行该类型的程序或者从 Web 网站下载该类型的文件时,将会提示无法访问。此时,需要在 Web 网站添加相应的 MIME(Multipurpose Internet Mail Extensions)类型,比如 ISO 文件类型。MIME 即多功能 Internet 邮件扩充服务,可以定义 Web 服务器中利用文件扩展所关联的程序。

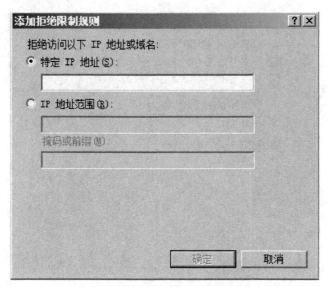

图 2-2-19 添加拒绝限制规则

如果 Web 网站中没有包含某种 MIME 类型文件所关联的程序，那么，用户访问该类型的文件时就会出现如图 2-2-20 所示的错误信息。

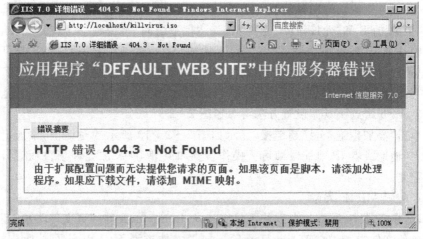

图 2-2-20 缺少文件类型错误

在 IIS 管理器里选择"网站"中需要设置的 Web 站点，在主页窗口中双击"MIME 类型"图标，显示如图 2-2-21 所示的"MIME 类型"窗口，列出了当前系统中已集成的所有 MIME 类型。

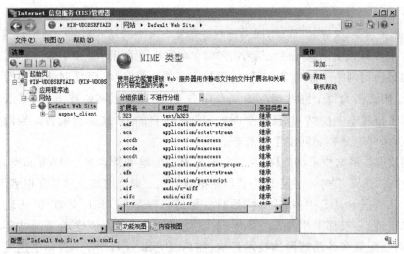

图 2-2-21 "MIME 类型"窗口

如果想添加新的 MIME 类型,可以在"操作"栏中单击"添加"按钮,显示如图 2-2-22所示的"添加 MIME 类型"对话框。在"文件名扩展名"文本框中键入想要添减的 MIME 类型,例如".iso","MIME 类型"文本框中键入文件扩展名所属的类型。

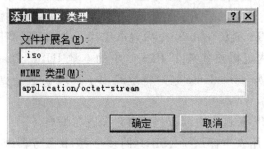

图 2-2-22 添加 MIME 类型

提示:如果不知道文件扩展名所属的类型,可以在 MIME 类型列表中选择相同类型的扩展名,双击打开"编辑 MIME 类型"对话框。在"MIME 类型"文本框中复制相应的类型即可。

按照同样的步骤,可以继续添加其他 MIME 类型。这样,用户就可以正常访问 Web 网站的相应类型的文件了。如果需要修改 MIME 类型,则可以双击打开进行编辑;如果要删除 MIME 类型,可以选中相依的 MIME 类型,点击"操作"栏的"删除"。

另外,可以通过 IIS 来创建虚拟目录,通过虚拟目录技术可以实现对 Web 站点的扩展。虚拟目录其实是 Web 站点的子目录,和 Web 网站的主站点一样,保存了各种网页和数据,用户可以像访问 Web 站点一样访问虚拟目录中的内容。一个 Web 站点可以拥有多个虚拟目录,这样就可以实现一台服务器发布多个网站的目的。虚拟目录也可以设置主目录、默认文档、身份验证等,访问时和主网站使用相同的 IP 和端口。

如果公司网络中想建多个网站,但是服务器数量又少,而且网站的访问量也不是很大,则无需为每个网站都配置一台服务器,使用虚拟网站技术,就可以在一台服务器上搭建多个网站,并且每个网站都拥有各自的 IP 地址和域名。当用户访问时,看起来就像是在访问多个服务器。

利用虚拟网站技术,可以在在一台服务器上创建和管理多个 Web 站点,从而节省了设备的投资,是中小企业理想的网站搭建方式。虚拟网站技术具有很多优点。

默认情况下,IIS 中的 Web 网站只支持运行静态 HTML 页面,但从现在的网站技术来说,一般都采用动态技术实现,这就需要在 IIS 中搭建动态网站环境。在 IIS 中可以配置多种动态网站技术环境,如 ASP,JSP,PHP 等。具体搭建过程可以自己来实践一下。

2. Web 服务器的安全性设置

为了增强安全性,默认情况下 Windows Server 2008 上未安装 IIS7。当安装 IIS7 时,会将您的 Web 服务器配置为只提供静态内容。这包括 HTML 和图像文件。

下面描述了 IIS7 中的新增安全功能,并简要介绍了它们的优点:

名为 IIS_IUSRS 的新 Windows 内置组代替了本地 IIS_WPG 组。名为 IUSR 的新增 Windows 内置帐户代替了 IIS6.0 中的本地 IUSR_MachineName 匿名帐户。但是,IUSR_MachineName 帐户将继续用于 FTP。这些更改结合在一起,提供了四个优点:

①无需禁用 IIS 匿名帐户即可使用自定义匿名帐户。

②通过使用通用安全标识符 (SID),跨多个 Web 服务器维护一致的访问控制列表 (ACL)。

③通过确保本地匿名帐户不会成为域帐户,改进了 DCPROMO 过程。

④不再需要管理密码。

可以将 IP 限制列表配置为拒绝单台计算机、一组计算机、域或所有 IP 地址和未列出的项访问内容。这除了提供 IIS6.0 授予/拒绝支持外,还为 IP 限制规则的继承和合并提供支持。

将 UrlScan2.5 安全工具的功能并入到了 IIS7 中。这样,就不再需要下载单独的工具。

IIS7 支持在本机代码中实现 URL 授权。为了保持一致,这一更改为现有

ASP. NET 托管代码实现的所有功能提供支持。

本书只从身份验证和传输加密两个方面介绍一下 IIS7.0,领略一下其提升 WWW 服务安全之法。

1)用户控制安全

WEB 服务器的主要功能就是为用户提供信息发布和查询平台,因为信息的面向对象不同,所以需要对访问用户进行控制,这通过设置适当的身份证验证方式即可实现。例如,如果信息面向所有用户,则可以使用匿名身份验证;如果仅面向部分用户,则可以仅赋予这些用户对信息的访问权限。配置身份验证可以确保服务器的安全,同时还可以为来访用户提供身份验证并生成服务器日志。

(1)依次选择"开始"→"管理工具"→"Internet 信息服务(IIS)管理器"选项,打开"Internet 信息服务(IIS)管理器"窗口,依次展开 LXH－2008(服务器名称)→"网站"→"Default Web Site"(默认 WEB 站点)选项,在右侧的窗口中选择"身份验证"图标,如图 2－2－23 所示。

图 2－2－23　Internet 信息服务(IIS)管理器

(2)在"操作"栏中单击"打开功能"超链接,或者直接双击"身份验证"图标,打开如图 2－2－24 所示的"身份验证"窗格。

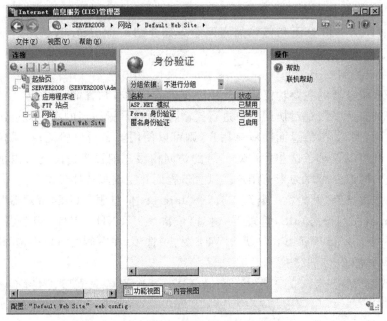

图 2-2-24 "身份验证"窗格

(3)在"身份验证"窗格中,选择"匿名身份验证"选项并单击"操作"栏中的"编辑"超链接,打开如图 2-2-25 所示的"编辑匿名身份证凭据"对话框。默认选中"特定用户"单选按钮,IIS7.0 默认使用安装过程中自动创建的 IUSR 作为用户名进行匿名访问。如果选中"应用程序池标识"单选按钮,则可以允许 IIS 进程使用在应用程序池的属性页上指定的帐户运行。

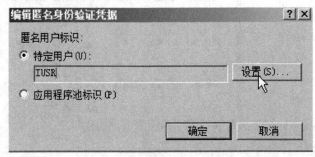

图 2-2-25 "编辑匿名身份证凭据"对话框

(4)单击"设置"按钮,打开如图 2-2-26 所示的"设置凭据"对话框。单击"确定"按钮,替换系统默认的 IUSR 帐户,再次单击"确定"按钮,保存设置。

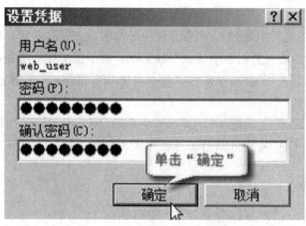

图 2-2-26 "设置凭据"对话框

(5)更改系统默认匿名访问帐户,虽然可以起到一定的安全保护作用,但仍不能适用于安全需求较高的 Web 服务器。在"身份验证"窗格中,选择"匿名身份验证"选项,单击"操作"栏中的"禁用"超链接,即可禁用匿名访问。此时,来访用户必须使用有效的用户帐户凭据,通过 Web 服务器的身份验证,才可以进行正常访问。在"身份验证"窗口中,选择希望使用的身份验证方式,单击"操作"栏中的"启用"超链接即可。

(6)选择"基本身份验证"选项,在"操作"栏中单击"编辑"超链接,打开如图 2-2-27 所示的"编辑基本身份验证设置"对话框。在"默认域"文本框中,输入默认情况下对用户进行身份验证时所依据的域名,如 loudreaders。在"领域"文本框中,输入使用已通过默认域身份验证的凭据的 DNS 域名或地址,如 lufj. loudreaders. com。

图 2-2-27 "编辑基本身份验证设置"对话框

2)SSL 安全

SSL 安全功能可以通过对传输信息进行加密,实现 Web 客户端与 Web 服务器端的安全传输,避免数据被中途截获或篡改。对于安全性要求很高的、交互性的 Web 网站,建议采用 SSL 加密方式。若欲实现 SSL 通信,Web 服务器必须拥有有效的服务器证书。

通常情况下,若想实现 SSL(Security Socket Layer)安全机制,在 Windows Server 2003 系统中,需要借助第三方证书颁发机构获取服务器证书,主要包括如下操作:

①创建证书申请。

②将证书申请文件提交到第三方证书颁发机构。

③批准证书申请并颁发证书。

④将证书应用到服务器。

这样的操作过程对于实现 SSL 加密无疑是相当麻烦的。在 Windows Server 2008 系统中的 IIS7.0 中,可以创建 Web 服务器的自签名证书,并用于 Web 站点的 SSL 加密,而 IIS6.0 中则无此功能。

具体实现过程如下:

• 服务器端设置

要想为站点启用 SSL 安全保护,必须在服务器端创建用于 SSL 加密的证书和启用 SSL 设置。

(1)创建服务器证书。

服务器证书包含关于服务器的信息,服务器在允许客户在共享敏感信息之前,对其加以积极识别,WWW 服务器只有在安装有效服务器证书后,才拥有安全通信功能。

在"Internet 信息服务(IIS)管理器"窗口中,选择使用 SSL 安全加密的站点,双击"服务器证书"图标,打开如图 2-2-28 所示的"服务器证书"窗格。安装 IIS7.0 过程中,系统已经自动创建了一个服务器证书,管理员可以直接应用该证书,也可以导入已有证书,或者创建新的证书。整理单击"创建自签名证书"超链接。

在右侧"操作"栏中,单击"创建自签名证书"超链接,打开如图 2-2-29 所示的"创建自签名证书"对话框。在"为证书指定一个好记的名称"文本框中,输入服务器证书的文件名。

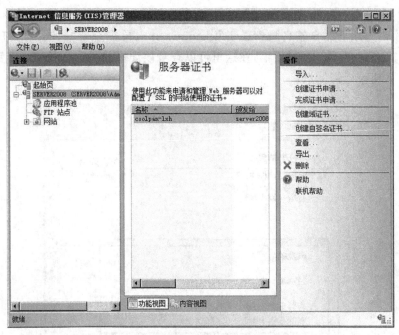

图 2 - 2 - 28 "服务器证书"窗格

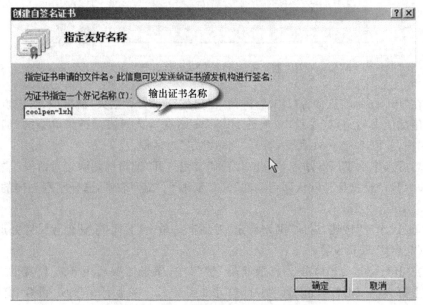

图 2 - 2 - 29 "创建自签名证书"对话框

单击"确定"按钮,完成创建自签名证书完成。新创建的证书即可显示在列表中,选中创建成功的自签名服务器证书 coolpen-lxh,单击查看"超链接",打开如图2-2-30所示的"证书"对话框,在这里可以查看该证书的名称、颁发者、接受者、有效起始日期等详细信息。

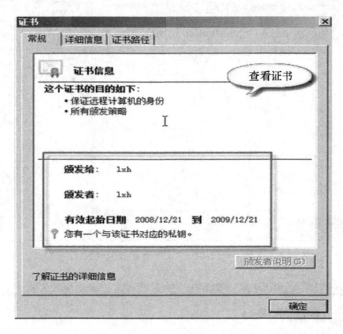

图2-2-30 "证书"对话框

在"Internet 信息服务(IIS)管理器"窗口的"coolpen 主页"窗口中,右键点击希望应用此证书的站点(注意,必须是 HTTPS 站点),选择快捷键菜单中的"编辑绑定"选项,如图2-2-31所示,打开"网站绑定"对话框。

然后选中 HTTPS 站点并单击"编辑"按钮打开"编辑网站绑定对话框","IP 地址"和"端口"设置保持默认即可。在"SSL 证书"下拉列表中,选择刚刚创建的自签名证书 coolpen-lxh。

单击"确定"按钮,返回"网站绑定"对话框。单击"关闭"按钮保存设置并退出。

(2)启用 SSL 设置。

在"Internet 信息服务(IIS)管理器"窗口中,单击需要启用 SSL 设置的站点,并在主窗口中双击"SSL 设置"图标,打开如图2-2-32所示的"SSL 设置"窗格。

图 2-2-31 "编辑绑定"选项

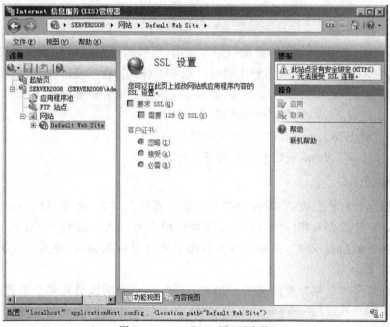

图 2-2-32 "SSL 设置"窗格

选中"要求 SSL"复选框,以启用 40 位数据加密方法,该方法用以确保服务器与客户端之间传输的安全性。该选项设置既可以用于 Intranet 环境,也可用于 Internet 环境。如果选中"需要 128 位 SSL"复选框,则安全性更高,不过传输加密数据所需的带宽也随之增加。

在"客户证书"选项框中选中"接受"单选按钮,即可启用服务器端的 SSL 设置,接受客户端证书(若提供)在允许客户端获得内容访问权限之前验证客户端身份。系统默认选中"忽略"单选按钮,即如果提供客户端证书,则该设置不会接受,因此该设置的安全性最低。如果选中"必要"单选按钮,则在接受用户访问之前要求提供对应证书验证客户端身份的有效性。

设置完成后,在"操作"栏中单击"应用"超链接即可应用设置。

• 客户端设置

用户访问使用 SSL 协议加密的站点或网页,与访问普通站点略有不同。首先,使用加密传输的站点使用 https://开头的 URL;其次,用户必须连接到站点指定的证书服务器,获取相关数字证书并安装。具体实现过程此处不再赘述。

任务 3　Windows 文件与文件夹权限设置

【任务描述】

Windows 提供了非常细致的权限控制项,能够精确定制用户对资源的访问控制能力,大多数的权限从其名称上就可以基本了解其能所实现的内容。

通过本任务的实际操作与训练,要求学生掌握以下知识和技能:

(1)了解 Windows 访问控制机制。

(2)理解 Windows 权限密切相关的概念。

(3)掌握 Windows 资源权限的设置方法。

【相关知识】

权限是针对资源而言的,设置权限只能以资源为对象,例如"设置某个文件夹有哪些用户可以拥有相应的权限",而不能以用户为主,例如不能"设置某个用户可以对那些资源拥有权限",这就意味着权限必须针对资源而言,脱离了资源去谈权限毫无意义。

利用权限可以控制资源被访问的方式,如 User 组的成员对某个资源拥有"读取"操作权限、Administors 组成员拥有"读取＋写入＋删除"操作权限等。

与 Windows 权限密切相关的 3 个概念是:安全标示符、访问控制列表和安全主体。

1. 安全标示符(Security Identifier,SID)

在 Windows 中,系统通过 SID 对用户进行识别,而不是用户名。SID 可以应用于系统内的所有用户、组、服务或计算机。因此 SID 是一个具有唯一性、绝对不会重复产生的数值,所以在删除了一个帐户 WDL 后,再次创建这个 WDL 帐户时,前一个 WDL 与后一个 WDL 帐户是不相同的。这种设计使得帐户的权限得到了最基础的保护,拒绝盗用权限的情况发生。

2. 访问控制列表(Access Control List,ACL)

访问控制列表时权限的核心技术,用于定义特定用户对某个资源的访问权限,实际上就是 Windows 对资源进行保护时所使用的一个标准。

在访问控制列表中,每一个用户或用户组都对应一组访问控制项(Access Control Entry,ACE),在"组或用户名称"列表中选择不同的用户或组时,通过下方的权限列表设置项是不同的这一点就可以看出来。

3. 安全主体(Security Principal)

在 Windows 中,可以将用户、用户组,计算机或服务都看成是一个安全主体,每个安全主体都拥有相对应的帐户和 SID。根据系统架构的不同,帐户的管理方式也有所不同:本地帐户被本地的 SAM 管理,域的帐户则会被活动目录进行管理。

Windows 的 NTFS 权限有两大要素:标准访问权限和特别访问权限。标准访问权限将一些常用的系统权限选项比较笼统地组成七组权限:完全控制、修改、读取和运行、列出文件目录、读取、写入、特别的权限。特别访问权限不再使用简单的权限分组,可以实现更具体、全面、精确的权限设置。

【实现过程】

1. 设置标准访问权限

(1)单击资源管理器的"工具"菜单中的"文件夹选项",弹出"文件夹选项"对话框,如图 2-3-1 所示,选择"查看"选项卡,在"高级设置"选项列表中清除"使用简单文件共享(推荐)"选项前的复选框,然后单击"确定"按钮。

(2)右键单击 security 文件夹,在弹出的快捷菜单中单击"共享与安全",显示"security 属性"对话框,如图 2-3-2 所示。

(2)在图 2-3-2 中,选择"安全"选项卡,针对资源进行的 NTFS 权限设置就是通过这个选项卡来实现的,此时应首先在"组或用户名称"列表中选择需要赋予权限的用户名或组,然后在下方的权限列表中设置该用户可以拥有的权限。

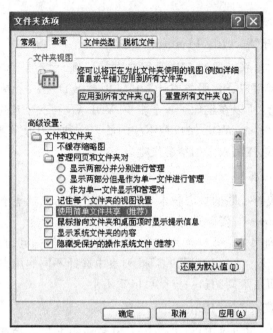

图 2 - 3 - 1 "文件夹选项"对话框

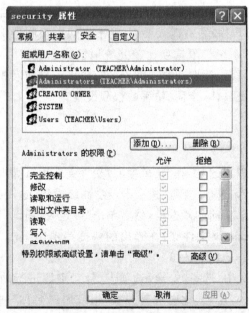

图 2 - 3 - 2 security 属性

2. 设置特别访问权限

(1)在图 2-3-2 中,单击"添加"按钮,弹出"选择用户或组"对话框,如图 2-3-3 所示,选择 hchy 用户,单击"确定"按钮,返回"security 属性"对话框,如图 2-3-4 所示。

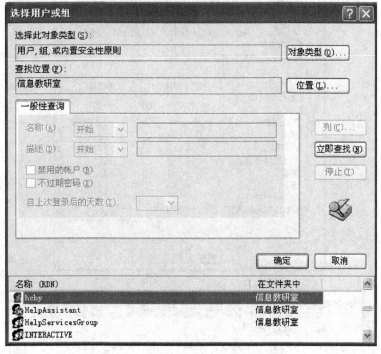

图 2-3-3 "选择用户或组"对话框

(2)在图 2-3-4 中,单击"高级"按钮,弹出"security 的高级安全设置"对话框,如图 2-3-5 所示,去掉"从父项继承那些可以应用到子对象的权限项目,包括那些在此明确定义的项目(I)"前面的复选项,这样就可以断开当前权限设置与父级权限设置之间的继承关系。在随即弹出的"安全"对话框(见图 2-3-6)中单击"复制"或"删除"按钮(单击"复制"按钮可以首先复制继承的父级权限设置,然后再断开继承关系)返回"security 的高级安全设置"对话框,如图 2-3-5 所示,然后单击"应用"按钮。

(3)在图 2-3-5 中,选中 hchy 用户并单击"编辑"按钮,弹出"security 的权限项目"对话框,如图 2-3-7 所示,首先单击"全部清除"按钮,然后在"权限"列表中选择"遍历文件夹/运行文件"、"列出文件夹/读取数据"、"读取属性"、"创建文件/写入数据"、"创建文件夹/附加数据",然后单击"确定"按钮完成设置。

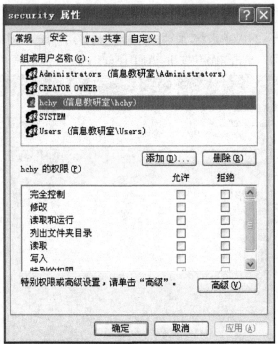

图 2 - 3 - 4 "security 属性"对话框

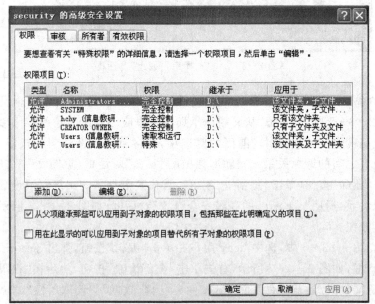

图 2 - 3 - 5 "security 的高级安全设置"对话框

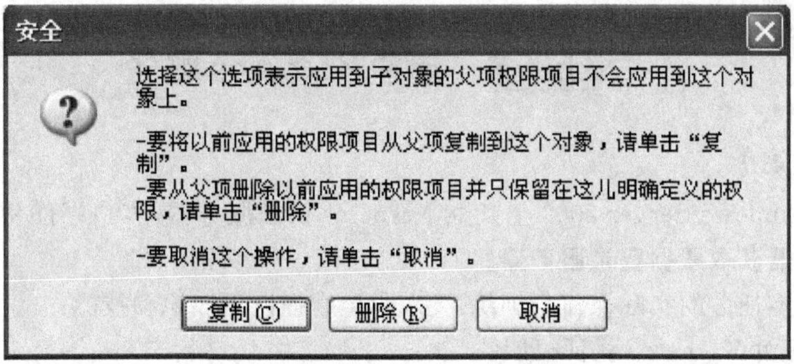

图 2-3-6 "安全"对话框

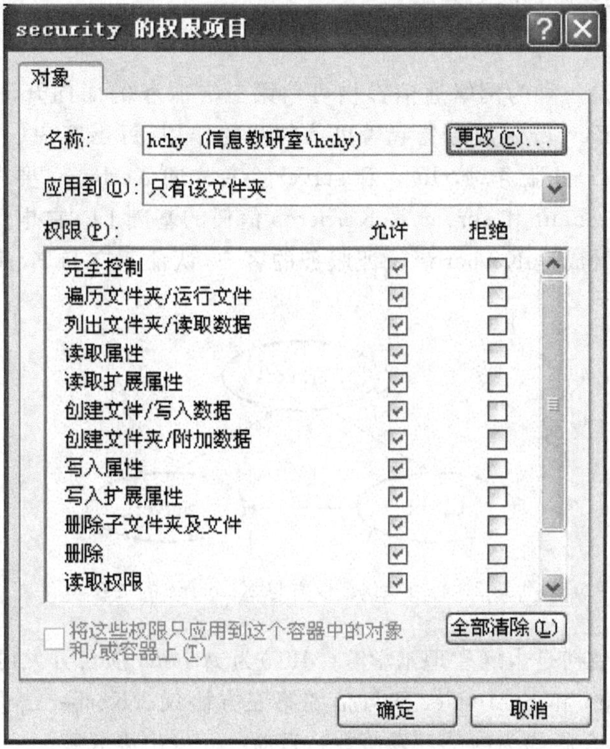

图 2-3-7 "security 的权限项目"对话框

经过上述的设置后，hchy 用户在对 security 文件夹进行删除操作时，就会弹出提示对话框警告操作不能成功。显然，相对于标准访问权限设置上的笼统，特别访问权限可以实现更具体、全面、精确的权限设置。

任务 4　创建 Kerberos 服务

【任务描述】

在 Windows Server 2000 上建立 Kerberos 认证服务器,客户端能从 Kerberos 认证服务器获取票据登录服务器。

通过本任务的实际操作与训练,要求学生掌握以下知识和技能:

(1)理解 Kerberos 认证机制。

(2)掌握 Windows 中配置 Kerberos 认证服务的方法。

(3)掌握安全策略的配置。

【相关知识】

Kerberos 是一种为网络通信提供可信第三方服务的面向开放系统的认证机制。网络上的 Kerberos 服务器起着可信仲裁的作用,每当客户(client)申请到某服务程序(server)的服务时,client 和 server 会首先向 Kerberos 要求认证对方的身份,认证建立在 client 和 server 对 Kerberos 信任的基础上。在申请认证时,client 和 server 都可看成是 Kerberos 认证服务的客户,认证双方与 Kerberos 的关系如图 2 - 4 - 1 所示。

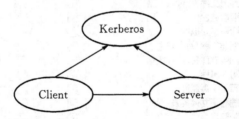

图 2 - 4 - 1　认证双方与 Kerberos 的关系

Kerberos 最初是由麻省理工学院(MIT)为 Athena 项目开发的。Kerberos 模型基于 Needham 和 Schroeder 的可信的第三方协议。Kerberos 最初版本是第 4 版(第 1 版~第 3 版均为内部开发版本),目前已开发出第 5 版。

在 Kerberos 模型中,包括 Kerberos 认证服务器(AS)、许可证颁发服务器(Ticket Granting Service,TGS)和安装在网络上的客户机与应用服务器几部分,如图 2 - 4 - 2 所示。客户机可以是用户,也可以是处理事务所需的独立的软件程序,如下载文件、发送消息、访问数据库、访问打印机和获取管理特权等。

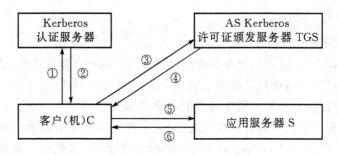

图 2 - 4 - 2　Kerberos 模型

Kerberos 认证服务器中有一个存储所有客户机密钥的数据库。需要认证的客户机都需要向 Kerberos 注册其密钥，密钥是一个加密的口令。

由于 Kerberos 知道每个客户机的密钥，因此它能产生消息向一个实体证实另一个实体的身份。Kerberos 还能产生会话密钥，只供一个客户机和一个服务器（或两个客户机）使用，会话密钥用来加密双方的通信消息，通信完毕后，即销毁会话密钥。

Kerberos 使用 DES 加密。Kerberos v4 提供一个不标准的认证模型，该模型的弱点是不能检测密文的某些改变。而 Kerberos v5 则使用 CBC 模式。

Kerberos 中旧的认证码很有可能被存储和重用。尽管时间标记可用于防止这种攻击，但在票据的有效时间内仍可发生重用。虽然理论上服务器存储所有的有效票据就可以阻止重放攻击，但实际上这很难做到。票据的有效期可能很长，典型的为 8 小时。

认证码是基于网络中的所有时钟基本上都是同步的事实。如果能够欺骗主机，使它的正确时间发生错误，那么旧的认证码毫无疑问就能被重放。大多数的网络时间协议是不安全的，因此这就可能导致严重的问题。

Kerberos 对猜测口令攻击也很脆弱。攻击者可以收集票据并试图破译它们。一般的客户通常很难选择最佳口令。如果一个攻击者收集了足够多的票据，那么他就有很大的机会找到口令。

最严重的攻击可能要算是恶意软件。Kerberos 协议依赖于 Kerberos 软件都是可信的这一事实。没什么可以阻止攻击者用完成 Kerberos 协议和记录口令的软件来代替所有客户的 Kerberos 软件。任何一种安装在不安全的计算机中的密码软件都会面临这种问题，但 Kerberos 在这种不安全环境中的广泛使用，就使它特别容易成为被攻击的目标。

加强 Kerberos 安全的工作包括执行公钥算法和密钥管理中的智能卡接口。

【实现过程】

1. 活动目录的安装

Windows 2000 活动目录和其安全性服务(Kerberos)紧密结合,共同完成安全任务和协同管理。活动目录存储了域安全策略的信息,如域用户口令的限制策略和系统访问权限等,实施了基于对象的安全模型和访问控制机制。活动目录中的每个对象都有一个独有的安全性描述,定义了浏览或更新对象属性所需要的访问权限。因此,在使用 Windows 2000 提供的安全服务前,首先应该在服务器上安装活动目录。

(1)在 Windows 2000"控制面板"里,打开"管理工具"窗口,然后双击"配置服务器",启动"Windows 2000 配置您的服务器"对话框,如图 2-4-3 所示。

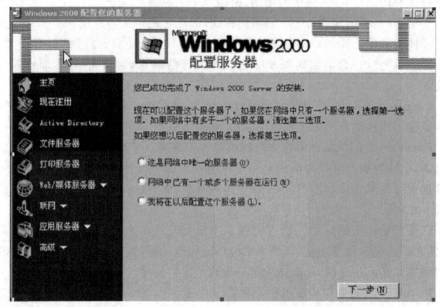

图 2-4-3 "Windows 2000 配置您的服务器"对话框

(2)在左边的选项列表中,单击"Active Directory"超级链接,并拖动右边的滚动条到底部,单击"启动"超级链接,打开"Active Directory 安装向导"对话框,出现"欢迎使用 Active Directory 安装向导",按向导提示,单击"下一步"按钮,出现"域控制器类型"对话框。

(3)单击"新域的域控制器"单选按钮,使服务器成为新域中的第一个域控制器。单击"下一步"按钮,出现"创建目录树或子域"对话框。

(4)如果不想让新域成为现有域的子域,单击"创建一个新的域目录树"单选按钮。单击"下一步"按钮,出现"创建或加入目录林"对话框。

(5)如果所创建的域为单位的第一个域,或者希望所创建的新域独立于现有目录林,可单击"创建新的域或目录树"单选按钮。单击"下一步"按钮,出现"新的域名"对话框。

(6)在"新域的 DNS 全名"文本框中,输入新建域的 DNS 全名,例如 book. com。单击"下一步"按钮,出现"Net BIOS 域名"对话框。

(7)在"Net BIOS 域名"文本框中,输入 Net BIOS 域名,或者接受显示的名称。单击"下一步"按钮,出现"数据库和日志文件位置"对话框。

(8)在"数据库位置"文本框中,输入保存数据库的位置,或者单击"浏览"按钮选择路径;在"日志位置"文本框中,输入保存日志的位置或单击"浏览"按钮选择路径,如图 2-4-4 所示。单击"下一步"按钮,出现"共享的系统卷"对话框。

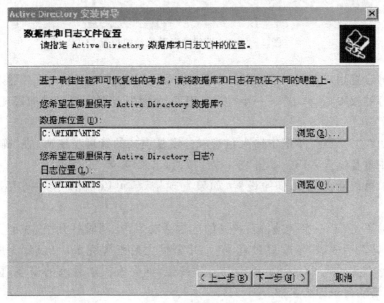

图 2-4-4　选择保存数据库和日志文件的位置

(9)在"文件夹位置"文本框中输入 Sysvol 文件夹的位置,在 Windows 2000 中 Sysvol 文件夹存放域的公用文件的服务器副本,它的内容将被复制到域中的所有域控制器上。或单击"浏览"按钮选择路径,如图 2-4-5 所示。单击"下一步"按钮,出现"权限"对话框。

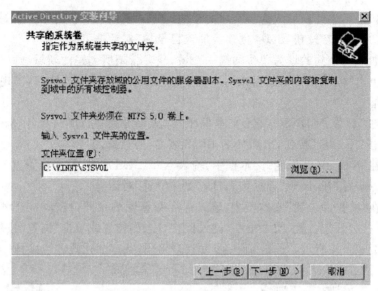

图 2-4-5　设置共享系统卷的位置

　　(10)设置用户和组对象的默认权限,选择"与 Windows 2000 服务器之前的版本相兼容的权限"。单击"下一步"按钮,出现"目录服务器恢复模式的管理员密码"对话框。

　　(11)在"密码"文本框中输入目录服务恢复模式的管理员密码,在"确认密码"文本框中重复输入密码。单击"下一步"按钮,出现"摘要"对话框。

　　(12)可以看到前几步的设置,如果发现错误,可以单击"上一步"按钮重新设置。

　　(13)单击"下一步"按钮,系统开始配置活动目录,同时打开"正在配置 Active Directory"对话框,显示配置过程,经过几分钟之后配置完成。出现"完成 Active Directory 安装向导"对话框,单击"完成"按钮,即完成活动目录的安装,重新启动计算机,活动目录即会生效。

　　2.安全策略的设置

　　安全策略的目标是制定在环境中配置和管理安全的步骤。Windows 2000 组策略有助于在 Active Directory 域中为所有工作站和服务器实现安全策略中的技术建议。可以将组策略和 OU(单位组织)结构结合使用,为特定服务器角色定义其特定的安全设置。如果使用组策略来实现安全设置,则可以确保对某一策略进行的任何更改都将应用到使用该策略的所有服务器,并且新的服务器将自动获取新的设置。

(1)在"Active Directory 用户和计算机"窗口,右击域名"book.com",如图 2-4-6 所示。在弹出的菜单中选择"属性"命令,出现"book.com 属性"对话框,如图 2-4-7 所示。

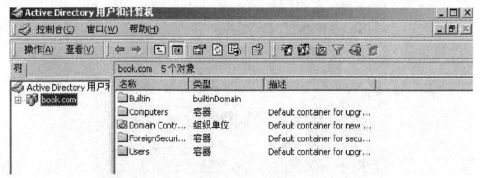

图 2-4-6 "Active Directory 用户和计算机"窗口

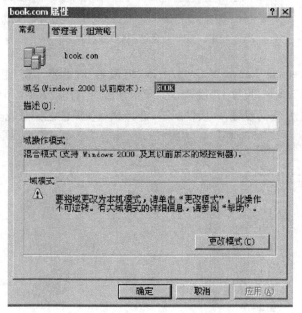

图 2-4-7 "book.com 属性"对话框

(2)选择"组策略"标签项(见图 2-4-8),系统提供了一系列工具,可以利用这些工具完成"组策略"的建立、添加、编辑、删除等操作。

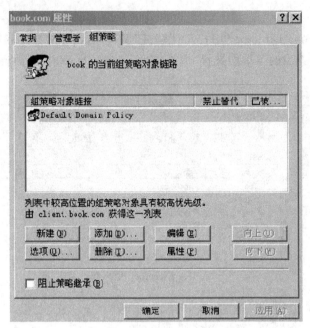

图 2－4－8 "组策略"标签页

(3)双击"Default Domain Policy",出现"组策略"对话框。在"组策略"窗口左侧"树"中,选择"Windows 设置"并展开,在"安全设置"中打开"Kerberos 策略"(见图 2－4－9),进行安全策略的设置,一般情况下,选择默认值就能达到系统安全的要求。

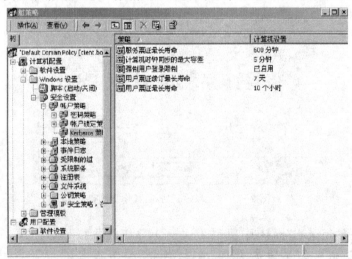

图 2－4－9 在"组策略"窗口设置安全策略

3. Windows 2000 Professional 版客户端设置

Windows 2000 Professional 客户端可以配置成使用 Kerberos 域,在这个域里使用单独的登录标记和基于 Windows 2000 Professional 的本地客户端帐号。

(1)安装 Kerberos 配置实用程序。在 Windows 2000 安装光盘的\support\reskit\netmgmt\security 文件夹中找到 setup. exe。

注意:启动 Windows 2000 时,必须以管理员组的成员身份登录才能安装这些工具。在 Windows 2000 光盘中,打开 Support\Tools 文件夹,双击 Setup. exe 图标,然后按照屏幕上出现的说明进行操作。

通过以上步骤,用户在本机上安装了 Windows 2000 Support Tools,它可帮助管理网络并解决疑难问题。在用户系统盘的 Program Files\Support Tools 文件夹中可以看到许多实用工具,其中与 Kerberos 配置有关的程序为 ksetup. exe 和 kpasswd. exe。ksetup. exe 用于配置 Kerberos 域、KDC 和 Kpasswd 服务器,ktpass. exe 用于配置用户口令、帐号名映射并对使用 Windows 2000 Kerberos KDC 的 Kerberos 服务产生 keytab,如图 2-4-10 所示。

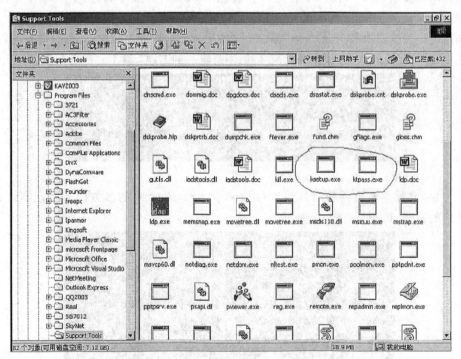

图 2-4-10 "Support Tools"窗口

（2）设置 Kerberos 域。因为 Kerberos 域不是一个 Windows 2000 域，所以客户端必须配置成为工作组中的一个成员。当设置 Kerberos 域时，客户机会自动成为工作组的一个成员。/setdomain 参数的值 BOOK．COM 是指与本地计算机在同一域中的域控制器的 DNS。如用户的域控制器的 DNS 名为 www．test.com，可以执行如下的命令：

ksetup/setrealm www.test.com

当设置 Kerberos 域时，计算机会自动配置成为工作组中的一个成员，如图 2 - 4 - 11 所示。

```
C:\>ksetup /setdomain BOOK.COM
Setting Dns Domain

C:\>
```

图 2 - 4 - 11 设置 Kerberos 域

（3）添加 KDC 服务器。在 Windows 2000 域中，每个域控制器可作为 KDC 使用。域控制器在用户登录会话中作为用户首选 KDC 运行，如果首选的 KDC 不可用，Windows 2000 系统将查找预备的 KDC 来提供身份验证。/addkdc 的第一个参数用来指定需要增加的 KDC 的域名，第二个参数用于增加在指定域中的 KDC 服务器，如图 2 - 4 - 12 所示。如果客户机所在的域中有唯一的 KDC，就不必运行此命令。

```
C:\>ksetup /setdomain BOOK.COM
Setting Dns Domain

C:\>ksetup /addkdc BOOK.COM kdc.book.com

C:\>
```

图 2 - 4 - 12 添加 KDC 服务器

（4）设置本地机器帐号口令。/setcomputerpassword 的参数用于指定本地计算机的密码，如图 2 - 4 - 13 所示。

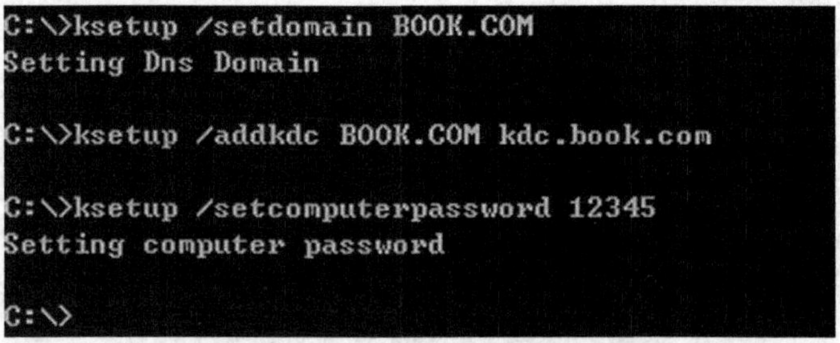

```
C:\>ksetup /setdomain BOOK.COM
Setting Dns Domain

C:\>ksetup /addkdc BOOK.COM kdc.book.com

C:\>ksetup /setcomputerpassword 12345
Setting computer password

C:\>
```

图 2 - 4 - 13 设置本地机器帐号口令

(5)重新启动计算机使改变生效。这是一个必须的步骤,无论何时对外部 KDC 和域配置做了改变,都需要重新启动计算机。

(6)使用 ksetup 来配置单个注册到本地工作站的帐户。/mapuser 的第一个参数用于指定 Kerberos 域中的主体,第二个参数用于指定本机的用户帐户,如图 2 - 4 - 14 所示。定义帐户映射可以将一个 Kerberos 域中的主体映射到一个本地帐号身份上,将本地机器帐号映射到 Kerberos。

```
C:\>ksetup /setdomain BOOK.COM
Setting Dns Domain

C:\>ksetup /addkdc BOOK.COM kdc.book.com

C:\>ksetup /setcomputerpassword 12345
Setting computer password

C:\>ksetup /mapuser test@BOOK.COM test

C:\>
```

图 2 - 4 - 14　设置帐号映射

任务 5　计算机操作系统安全

【任务描述】

操作系统是计算机资源的直接管理者,它和硬件打交道并为用户提供接口,是计算机软件的基础和核心。在网络环境中,网络的安全很大程度上依赖于网络操作系统的安全性。没有网络操作系统的安全性,就没有主机系统和网络系统的安全性。因此操作系统的安全是整个计算机系统安全的基础,其安全问题日益引起人们的高度重视。作为用户使用计算机和网络资源的中间界面,操作系统发挥着重要的作用。因此,操作系统本身的安全就成了安全防护的头等大事。现代的操作系统本身往往要提供一定的访问控制、认证与授权等方面的安全服务。对各种常见的操作系统,如何对操作系统本身的安全性能进行研究和开发使之符合选定的环境和需求,采取什么样的配置措施使之能够正确应付各种入侵,如何保证操作系统本身所提供的网络服务得到安全配置,都是操作系统安全防护研究中面临的问题。

通过本任务的实际操作与训练,要求学生掌握以下知识和技能:

(1)Windows 帐户与密码的安全设置。

(2)文件系统的保护和加密。

(3)安全策略与安全模板的使用。

(4)审核和日志的启用。

(5)学会本机漏洞检测软件 MBSA 的使用。

【相关知识】

1. 操作系统安全概念

一般意义上,如果说一个计算机系统是安全的,那么是指该系统能够控制外部对系统信息的访问。也就是说,只有经过授权的用户或代表该用户运行的进程才能读、写、创建或删除信息。

操作系统内的活动都可以认为是主体对计算机系统内部所有客体的一系列操作。操作系统中任何存有数据的东西都是客体,包括文件程序、内存、目录、队列、管道、进程间报文、I/O 设备和物理介质等。能访问或使用客体活动的实体称为主体,一般说,用户或者代表用户进行操作的进程都是主体。主体对客体的访问策略是通过可信计算基(TCB)来实现的。可信计算基是系统安全的基础,正是基于该TCB,通过安全策略的实施控制主体对空体的存取,达到对客体的保护。

计算机系统的安全策略是为了描述系统的安全需求而制定的对用户行为进行约束的一整套严谨的规则,这些规则规定系统中所有授权的访问,是实施访问控制的依据。人们为了设计系统安全部分,需要把安全策略抽象或安全模型,并证明该模型的安全性。

一般所说的操作系统的安全通常包含两方面意思:一方面是操作系统在设计时通过权限访问控制、信息加密性保护、完整性鉴定等机制实现的安全;另一方面则是操作系统在使用中,通过一系列的配置,保证操作系统避免由于实现时的缺陷或是应用环境因素产生的不安全因素。只有在这两方面同时努力,才能够最大可能地建立安全的操作系统。

2. 计算机操作系统安全评估

计算机系统安全性评估标准是一种技术性法规。在信息安全这一特殊领域,如果没有这一标准,那么与此相关的立法、执法就会有失偏颇,最终会给国家的信息安全带来严重后果。由于信息安全产品和系统的安全评价事关国家的安全利益,因此许多国家都在充分借鉴国际标准的前提下,积极制定本国的计算机安全评价认证标准。

美国可信计算机安全评估标准(TCSEC)是计算机系统安全评估的第一个正式标准,具有划时代的意义。TCSEC 将计算机系统的安全划分为 4 个等级、7 个级别。这里仅给出等级划分的基本特征以满足本章后续内容之需要。

（1）D类安全等级：D类安全等级只包括D1一个安全类别，安全等级最低。D1系统只为文件和用户提供安全保护。最普通的形式是本地操作系统，或者是一个完全没有保护的网络。

（2）C类安全等级：该类安全等级能够提供审慎的保护，并为用户的行动和责任提供审计能力。C类安全等级可划分为C1和C2两类。C1系统通过将用户和数据分开来达到安全的目的。C2系统比C1系统加强了可调的审慎控制。在连接到网络时，C2系统的用户分别对各自的行为负责，通过登录过程、安全事件和资源隔离来增强这种控制。

（3）B类安全等级：B类安全等级分为B1、B2、B3三类。B类系统具有强制性保护功能，强制性保护意味着如果用户没有与安全等级相连，系统就不会让用户存取对象。

（4）A类安全等级：A系统的安全级别最高。目前A类安全等级只包含A1一个安全类别。其显著特征是，系统的设计者必须按照一个正式的设计规范来分析系统。对系统分析后，设计者必须运用核对技术来确保系统符合设计规范。A1系统必须满足：系统管理员必须从开发者那里接收到一个安全策略的正式模型；所有的安装操作都必须由系统管理员进行；系统管理员进行的每一步安装操作都必须有正式文档。

3. 国内的安全操作系统评估

为了适应信息安全发展的需要，借鉴国际上的一系列有关标准，我国也制定了计算机信息系统等级划分准则。我国将操作系统分成5个级别，分别是用户自主保护级、系统审计保护级、安全标记保护级、结构化保护级、访问验证保护级。这5个级别的区别见表2-5-1。

表2-5-1 操作系统5个级别

级别	第1级	第2级	第3级	第4级	第5级
自主访问控制	√	√	√	√	√
身份鉴别	√	√	√	√	√
数据完整性	√	√	√	√	√
客体重用		√	√	√	√
审计			√	√	√
强制访问控制			√	√	√
标记			√	√	√
隐蔽信道分析				√	√
可信路径				√	√
可信恢复					√

1）自主访问控制

计算机信息系统可信计算基定义和控制系统中命名用户对命名客体的访问。实施机制（如访问控制列表）允许命名用户以用户和（或）用户组的身份规定并控制客体的共享；阻止非授权用户读取敏感信息，并控制访问权限扩散。自主访问控制机制根据用户指定的用户只允许由授权用户指定对客体的访问权。

2）身份鉴别

计算机信息系统可信计算基初始执行时，首先要求用户标识自己的身份，并使用保护机制（如口令）来鉴别用户的身份；阻止非授权用户访问用户身份鉴别数据。通过为用户提供唯一标识，计算机信息系统可信计算基能够使用户对自己的行为负责。计算机信息系统可信基还具备将身份标识与该用户所有可审计行为相关联的能力。

3）数据完整性

计算机信息系统可信计算基通过自主和强制完整性策略，阻止非授权用户修改或破坏敏感信息。在网络环境中，使用完整性敏感标记来确信信息在传送中未受损。

4）客体重用

在计算机输出信息系统可信计算基的空闲存储客体空间中，对客体初始指定、分配再分配一个主体之前，撤销该客体所含信息的所有授权。当主体获得对一个已释放的客体的访问权时，当前主体不能获得原主体活动所产生的任何信息。

5）审计

计算机信息系统可信计算基能创建和维护受保护客体的访问审计跟踪记录，并能阻止非授权的用户对它的访问或破坏活动。可信计算基能记录在案下述事件：使用身份鉴别机制；将客体引入用户地址空间（如打开文件、程序初始化）；删除客体；由操作员、系统管理员或（和）系统安全管理员实施的动作以及其他与系统安全有关的事件。对于每一事件，其审计记录包括：事件的日期和时间、用户事件类型、事件是否成功。对于身份鉴别事件，审计记录包含来源（如终端标识符）；对于客体引入用户地址空间的事件及客体删除事件，审计记录包含客体名。对不能由计算机信息系统可信计算基独立辨别的审计事件，审计机制提供审计记录接口，可由授权主体调用。这些审计记录区别于计算机信息系统可信计算基独立分辨的审计记录。

6）强制访问控制

计算机信息系统可信计算基对所有主体及其所控制的客体（例如，进程、文件、段、设备）实施强制访问控制，为这些主体及客体指定敏感标记，这些标记是等级分类和非等级类别的组合，它们是实施强制访问控制的事实依据。计算机信息系统可信计算基支持两种或两种以上成分组成的安全级。计算机信息系统可信计算基控制的所有主体对客体的访问应满足:仅当主体安全级中的等级分类高于或等于客体安全级中的等级分类,且主体安全级非等级类别包含了客体安全级中的非等级类别,主体才能写一个客体。计算机信息系统可信计算基使用身份和鉴别数据,鉴别用户的身份,并保证用户创建的计算机信息系统可信计算基外部主体的安全级和授权受该用户的安全级和授权的控制。

7)标记

计算机信息系统可信计算基应维护与主体及其控制的存储客体(例如,进程、文件、段、设备)相关的敏感标记,这些标记是实施强制访问的基础。为了输入未加安全标记的数据,计算机信息系统可信基向授权用户要求并接受这些数据的安全级别,且可由计算机信息系统可信计算基审计。

8)隐蔽信道分析

系统开发者应彻底隐蔽存储信道,并根据实际测量或工程估算确定每一个被标识信道的最大带宽。

9)可信路径

当连接用户时(例如,注册、更改主体安全级),计算机信息系统可信计算基提供它与用户之间的可信通道路径。可信路径上的通信能由该用户或计算机信息系统激活,且在逻辑上与其他路径上的通信相隔离,并能正确地加以区分。

10)可信恢复

计算机信息系统可信计算基提供过程和机制,保证计算机信息系统失效或中断后,可以进行不损害任何安全保护性能的恢复。

该规定中,级别从低到高,每一级都将实现上一级的所有功能,并且有所增加。第1级是用户自主保护级,在该级中,计算机信息系统可信计算基通过隔离用户与数据,使用户具备自主安全保护能力。通常所说的安全操作系统,其最低级别即是第3级,日常所见的操作系统,则以第1级和第2级为主。4级以上的操作系统,与前3级有着很大的区别。4级和5级操作系统必须建立于一个明确定义的形式化安全策略模型之上。此外,还需要考虑隐蔽通道。在第4级结构化保护级中,要求将第3级系统中的自主和强制访问控制扩展到所有主体与客体。第5级访问验证保护级的计算机信息系统可信计算基满足访问监控器需求。访问监控器仲裁主体对客体的全部访问,访问监控器本身必须是抗篡改、足够小且能够分析和测试的。为了满足访问监控器需求,计算机信息系统可信计算基在构造时,排除那些对实施安全策略来说并非必要的代码;在设计和实现时,从系统工程角度将其复杂性降低到最小。支持安全管理员职能;提供审计机制,当发生与安全相关的事件时发出信号;提供系统恢复机制。这种系统具有高的抗渗透能力。

4. 操作系统的安全配置

操作系统的安全配置主要是指操作系统访问控制权限的恰当设置、系统的及时更新以及对于攻击的防范。所谓操作系统访问控制权限的恰当设置是指利用操作系统的访问控制功能,为用户和文件系统建立恰当的访问权限控制。由于目前流行的操作系统绝大多数是用户自主级访问控制,因此对于用户和重要文件的访问权限控制是否得当,直接影响系统的安全稳定和信息的完整保密。不同的系统,其安全设置通常有所区别。

随着利用操作系统安全缺陷进行攻击的方法的不断出现,操作系统和 TCP/IP 缺陷逐渐成为系统安全防护的一个重要内容。在不影响正常的系统功能和网络功能的基础上进行安全防范,也是重要的内容。

随时更新操作系统,是系统安全管理的一个重要方面。及时地更新系统,会使整个系统的安全性能、稳定性能、易用性能得到大幅度提高。

5. 操作系统的安全漏洞

可以说,几乎所有的操作系统都不是十全十美的,总存在安全漏洞。比如在 Windows XP 中,安全帐户管理(SAM)数据库可以被以下用户复制:Administrator 帐户、Administrator 组的所有成员、备份操作员、服务器操作员以及所有具有备份特权的人员。SAM 数据库的一个备份拷贝能够被某些工具所利用来破解口令。

又如 Windows XP 对较大的 ICMP 包是很脆弱的。如果发一条 ping 命令,指定包的大小为 64KB,Windows XP 的 TCP/IP 栈将不会正常工作,可使系统离线直至重新启动,结果造成某些服务的拒绝访问。

实际上,根据目前的软件设计水平和开发工具,要想绝对避免软件漏洞是不可能的。操作系统作为一种系统软件,在设计和开发过程中造成这样或那样的缺陷,埋下一些隐患,使黑客有机可乘,也可以理解。可以说,软件质量决定了软件的安全性。

【实现过程】

以下设置均需以管理员(Administrator)身份登录系统。在 Windows Vista 和 Windows7 操作系统中,相关安全设置会稍有不同,但大同小异,下面主要以 Windows7 系统的设置步骤为例进行说明。

1. 帐户和口令的安全设置

1)删除不再使用的帐户,禁用 Guest 帐户

共享帐户,Guest 帐户等具有较弱的安全保护,常常都是黑客们攻击的对象,

系统的帐户越多,被攻击者攻击成功的可能性越大,因此要及时检查和删除不必要的帐户,必要时禁用 Guest 帐户。

(1)检查和删除不必要的帐户。

右键单击"开始"按钮,选择"控制面板",打开"用户帐户和家庭安全"项下的"添加或删除用户帐户"项。

在弹出的对话框(如图 2-5-1 所示)中列出了系统的所有帐户。确认各帐户是否仍在使用,删除其中不用的帐户。

图 2-5-1　用户与帐户管理窗口

(2)禁用 Guest 帐户。

为了便于观察实验结果,确保实验用机在实验前可以使用 guest 帐户登录;打开"控制面板",将查看方式改成"小图标"(如图 2-5-2 所示)。打开"管理工具",在弹出的如图 2-5-3 所示的窗口中选中"计算机管理"项,选中其中的"本地用户和组",打开"用户",弹出如图 2-5-4 所示的窗口,右键单击 Guest 用户,弹出如图 2-5-5所示对话框,选择"属性",在弹出的对话框中"帐户已停用"一栏前打勾。

图 2-5-2　控制面版的小图标窗口

确定后,Guest 前的图标上会出现一个向下方向箭头的标识。此时再次试用Guest 帐户登录,则会显示"您的帐户已被停用,请与管理员联系"。

图 2-5-3　管理工具窗口

图 2-5-4　"计算机管理"下的用户窗口

图 2-5-5 Guest 属性

2)启用帐户策略

帐户策略是 Windows 帐户管理的重要工具。

打开"控制面板"→"管理工具"→"本地安全策略",选择"帐户策略",如图 2-5-6 所示。

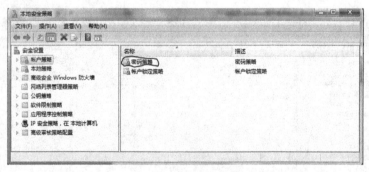

图 2-5-6 帐户策略

双击"密码策略",弹出如图 2-5-7 所示的窗口。密码策略用于决定系统密码的安全规则和设置。

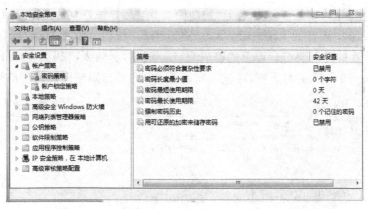

图 2-5-7　密码策略

其中,符合复杂性要求的密码是具有相当长度,同时含有数字、大小写字母和特殊字符的序列。双击其中每一项,均可按照需要改变密码特性的设置。

(1)双击"密码必须符合复杂性要求",在弹出的如图 2-5-8 所示对话框中,选择已"启用"。

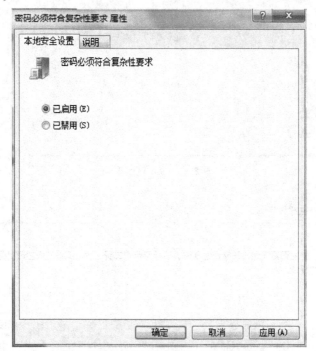

图 2-5-8　密码必须符合复杂性要求

　　下面看一下策略是否启动，打开"控制面板"中"用户帐户"项，在弹出如图2-5-9所示的对话框中选择一个用户后，单击"更改密码"按钮。弹出"更改密码"的窗口后，此时设置的密码要符合设置的密码要求。例如，若输入密码为 yx0211，则弹出如图 2-5-10 所示的对话框，若输入密码为 yc++0211，则密码被系统接受。

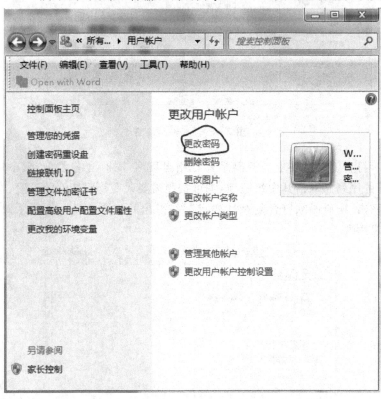

图 2-5-9　更改密码

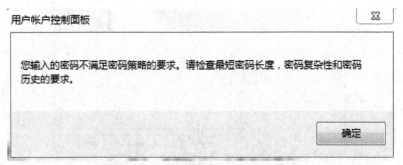

图 2-5-10　密码复杂性不符合要求

(2)双击图 2-5-7 所示面板中"密码长度最小值",在弹出的如图 2-5-11 所示的对话框中设置可被系统接纳的帐户密码长度最小值,例如设置为 6 个字符。一般为了达到较高的安全性,建议密码长度的最小值为 8。

图 2-5-11　密码长度最小值

(3)双击图 2-5-7 所示面板中"密码最长使用期限",在弹出的如图 2-5-12 所示的对话框中设置系统要求的帐户密码的最长使用期限为 42 天。设置密码最长使用期限,可以提醒用户定期修改密码,防止密码使用时间过长带来的安全隐患。

(4)双击图 2-5-7 所示面板中"密码最短使用期限",在弹出的如图 2-5-13 的对话框中修改设置密码最短存留期为 7 天。在密码最短使用期限内用户不能修改密码。这项设置是为了避免入侵的攻击者修改帐户密码。

(5)双击图 2-5-7 所示面板中"强制密码历史"和"用户使用可还原的加密来储存密码",在相继弹出的类似对话框中,设置让系统记住的密码数量和是否加密存储密码。

至此,密码策略设置完毕。

图 2-5-12　密码最长存留期

图 2-5-13　密码最短存留期

在帐户策略中的第二项是帐户锁定策略,它决定系统锁定帐户的时间等相关设置。打开图 2-5-7 中"帐户锁定策略",弹出如图 2-5-14 所示的窗口。

图 2-5-14 帐户锁定策略

双击"帐户锁定阈值",在弹出的如图 2-5-15 所示的对话框中设置帐户被锁定之前经过的无效登录次数(如 3 次),以便防范攻击者利用管理员身份登录后无限次地猜测帐户的密码(穷举法攻击)。

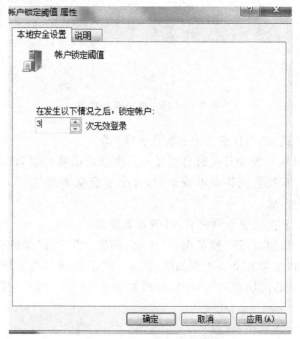

图 2-5-15 帐户锁定阈值

双击"帐户锁定时间",在弹出的如图 2-5-16 所示的对话框中设置帐户被锁定的时间(如 20 分钟)。此后,当某帐户无效登录(如密码错误)的次数超过 3 次时,系统将锁定该帐户 20 分钟。

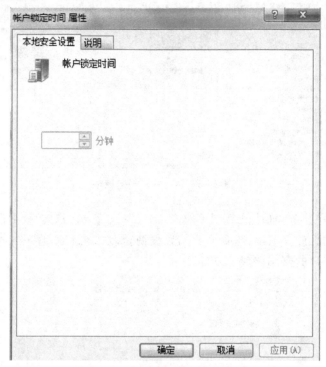

图 2-5-16　帐户锁定时间

3)开机时设置为"不自动显示上次登录帐户"

Windows 默认设置为开机时自动显示上次登录的帐户名,许多用户也采用了这一设置。这对系统来说是很不安全的,攻击者会从本地或 Terminal Service 的登录界面看到用户名。

要禁止显示上次的登录用户名,可做如下设置:

单击"开始"按钮,打开"控制面板"中"管理工具"下的"本地安全策略",选择"本地策略"下的"安全选项",并在如图 2-5-17 所示窗口右侧列表中选择"交互式登录:不显示最后的用户名",双击,弹出如图 2-5-18 所示对话框,选择"已启用",完成设置。

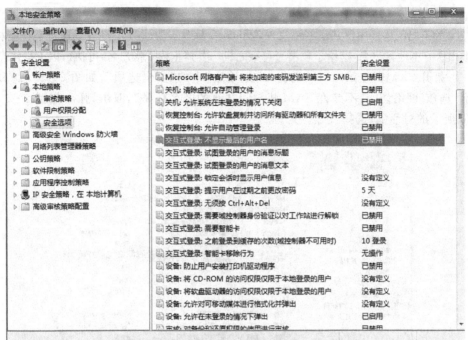

图 2-5-17 本地安全策略

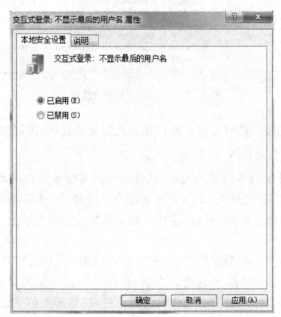

图 2-5-18 交互式登录:不显示最后的用户名

4)禁止枚举帐户名

为了便于远程用户共享本地文件,Windows 默认设置远程用户可以通过空连接枚举出所有本地帐户名,这给了攻击者可乘之机。要禁止枚举帐户名,可执行以下操作:

打开"本地安全策略"项,选择"本地策略"中的"安全选项",如图 2-5-19 所示,选择"网络访问:不允许 SAM 帐户和共享的匿名枚举",双击,弹出如图 2-5-20 所示的对话框,选择"已启用"。

图 2-5-19　本地安全设置窗口

此外,在"安全选项"中还有多项增强系统安全的选项,可以参看相关资料。

2. 文件系统安全设置

(1)打开采用 NTFS 格式的磁盘,选择一个需要设置用户权限的文件夹。这里选择 D 盘下的"工具"文件夹(此文件夹根据个人需要,可对不同文件夹进行操作)。

(2)右键单击该文件夹,选择"属性",在工具栏中选择"安全",弹出如图 2-5-21 所示的窗口。

单击"高级",在弹出的如图 2-5-22 所示的窗口中选择"更改权限",打开后在弹出的如图 2-5-23 所示的窗口中将"包括可从该对象的父项集继承的权限"之前的勾去掉,以去掉来自父系文件夹的继承权限(如不去掉则无法删除可对父系文件夹操作用户组的操作权限)。

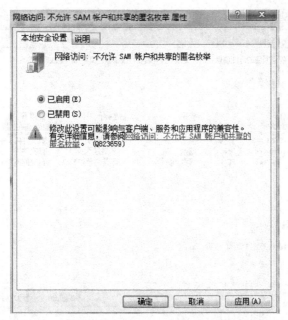

图 2-5-20　网络访问:不允许 SAM 帐户和共享的匿名枚举

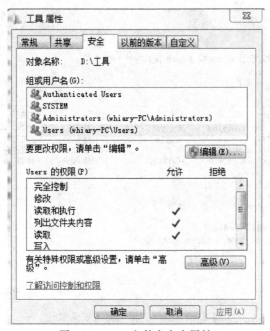

图 2-5-21　文件夹安全属性

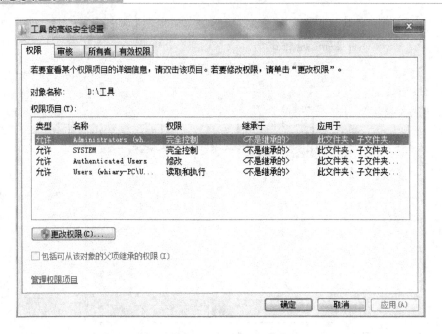

图 2 - 5 - 22　高级安全设置窗口

图 2 - 5 - 23　文件夹高级安全属性

单击"高级",在打开的窗口中单击"更改权限",选中列表中的 Authenticated Users,单击"删除"按钮,取消该组的操作权限。由于新建的用户往往都归属于 Authenticated Users 组,而 Authenticated Users 组在缺省情况下对所有系统驱动器都有完全控制权,删除 Authenticated Users 组的操作权限可以对新建用户的权限进行限制。原则上只保留允许访问次文件夹的用户和用户组。

选择相应用户组,在对应的复选框中打钩,设置其余用户组对该文件夹的操作权限。

单击"高级"按钮打开"更改权限",弹出如图 2 - 5 - 24 所示的窗口,查看各用户组的权限。

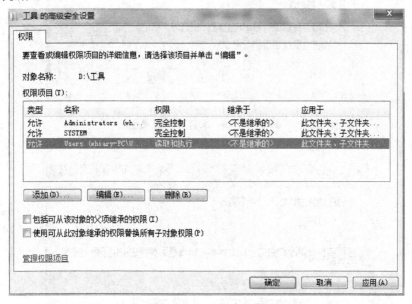

图 2 - 5 - 24 用户权限

3. 用加密软件 EFS 加密硬盘数据

打开"控制面板"中的"用户帐户",创建一个名如"MYUSER"的新用户。

打开磁盘格式为 NTFS 的磁盘,选择要进行加密的文件夹,右键单击该文件夹,打开"属性"窗口,选择"常规"选项,单击"高级"按钮,弹出如图 2 - 5 - 25 所示的对话框。

(1)选择"加密内容以便保护数据",单击"确定"按钮,再在当前所示的对话框中单击"确定",在弹出的如图 2 - 5 - 26 的对话框中选择"将更改应用于此文件夹、子文件夹和文件"。

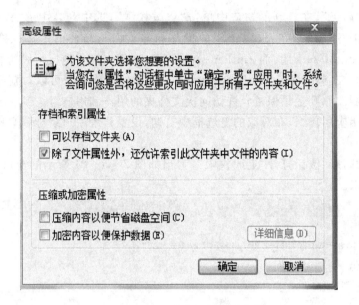

图 2-5-25　文件夹高级属性

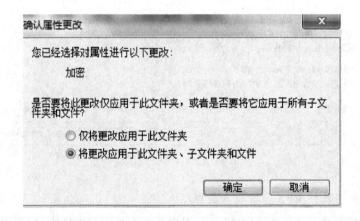

图 2-5-26　加密

(2)加密完毕后保存当前用户下的文件,单击"开始"按钮,在"关机"一项下拉列表中选择"切换用户",以刚才新建的 MYUSER 用户登系统。再次访问刚才加密的文件夹,打开其中文件时,弹出如图 2-5-27 所示的错误窗口。

这说明该文件夹已经被加密,在没有授权的情况下无法打开。

图 2-5-27 错误窗口

(3)再次切换用户,以原来加密文件夹的管理员帐户登录系统。单击"开始"→"运行",在"运行"框中输入 mmc,打开系统控制台。单击左上角的"文件"按钮,打开"添加或删除管理单元",在弹出的如图 2-5-28 所示对话框中添加"证书"。

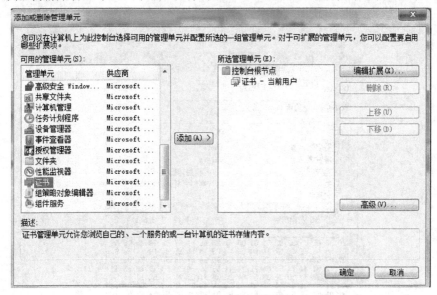

图 2-5-28 添加证书

(4)在控制台窗口左侧的目录树中选择"证书"→"个人"→"证书"。可以看到用于加密文件系统的证书显示在右侧的窗口中,如图 2-5-29 所示。双击此证书,单击"详细信息",则可以看到所包含的详细信息。主要的一项是所包含的公钥,如图 2-5-30 所示。

图 2-5-29　系统控制台

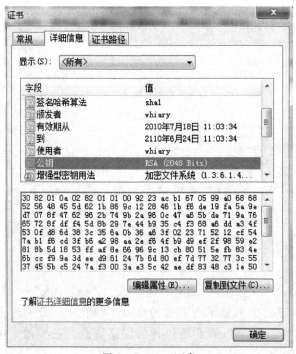

图 2-5-30　证书

(5)选中用于 EFS 的证书,单击右键,在弹出的菜单中单击"所有任务",在展开的菜单中单击"导出",弹出"证书导出向导",单击"下一步"按钮,选择"是,导出私钥(Y)",如图 2-5-31 所示。接着设置保护私钥的密码,如图 2-5-32 所示,然后将导出的证书文件保存在磁盘上的某个路径,如图 2-5-33 所示,这就完成了证书的导出,如图 2-5-34 所示。

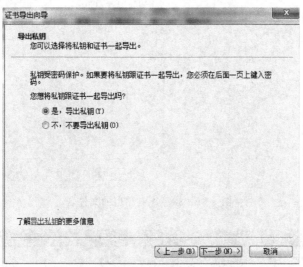

图 2-5-31　将私钥证书一起导出

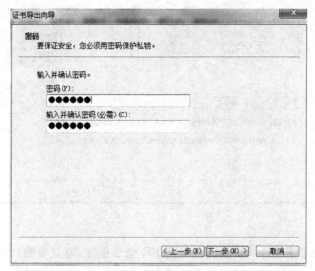

图 2-5-32　保护私钥的密码

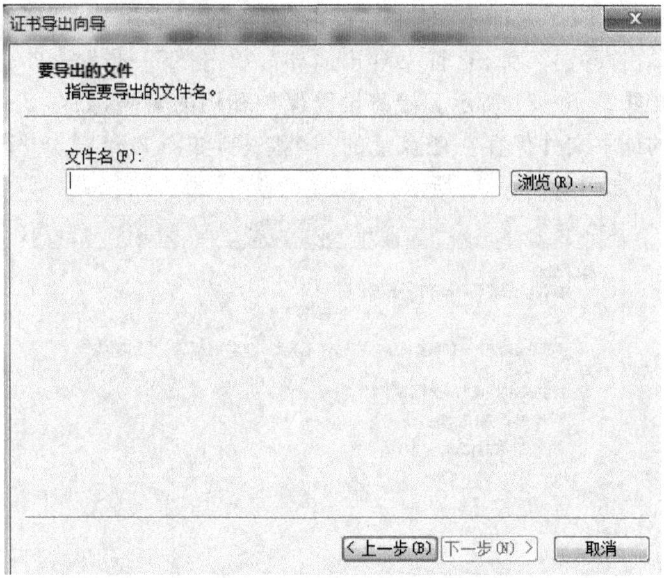

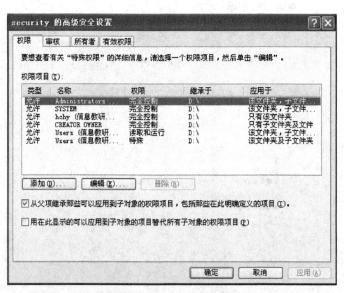

图 2-5-33　指定导出的文件名

图 2-5-34　导出完成

(6)再次切换用户,以新建的 MYUSER 登录系统,重复步骤(3)和(4),右键单击选择的"证书"文件夹,选择"所有任务"中的"导入",在弹出的"使用证书导入向导"窗口,单击"下一步",在地址栏中填入步骤(5)中导出证书文件的地址,导入该证书,如图2-5-35所示。

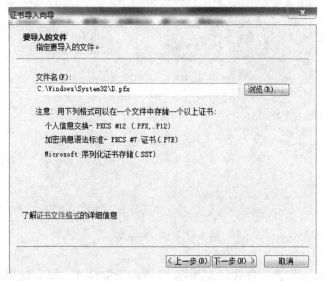

图2-5-35 导入文件

(7)输入在步骤(5)中为保护私钥设置的密码,如图2-5-36所示,选择将证书放入"个人"存储区中,单击"下一步",完成证书导入,如图2-5-37所示。

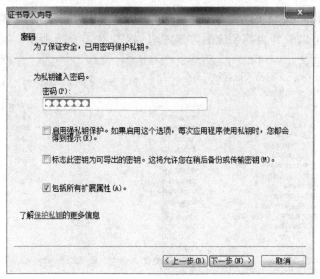

图2-5-36 输入密码

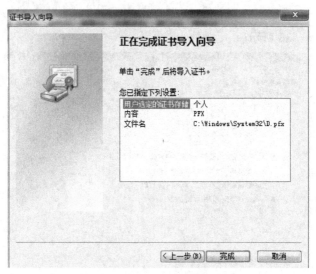

图 2-5-37 完成导入

(8)再次双击加密文件夹的文件,文件可以正常打开。说明该用户已成为加密文件的授权用户。

4.启用审核与日志查看

1)打开审核策略

打开"控制面板"中的"管理工具",选择"本地安全策略",打开"本地策略"中的"审核策略",可以看到当前系统的审核策略,如图 2-5-38 所示。

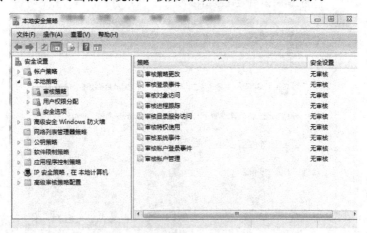

图 2-5-38 审核策略

双击每项策略可选择是否启用该项策略。例如"审核帐户管理"将对每次建立新用户、删除用户等操作进行记录,"审核登录事件"将对每次用户的登录进行记录;"审核过程追踪"将对每次启动或者退出的程序或者进程进行记录,根据需要启用相关审核策略。审核策略启用后,审核结果放在各自事件日志中。

2)查看事件日志

打开"控制面板"中的"管理工具",双击"事件查看器",如图 2-5-39 所示,可以看到 Windows 7 的 3 种日志,其中安全日志用于记录刚才上面审核策略中所设置的安全事件。

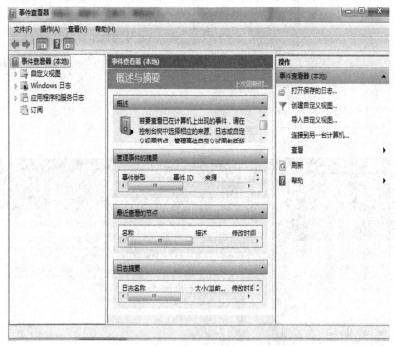

图 2-5-39　事件查看器

双击 Windows 日志下的"安全日志",可查看有效、无效、登录尝试等安全事件的具体记录,如图 2-5-40 所示。

5. 利用 MBSA 检查和配置系统安全

1)检查系统漏洞

打开 MBSA,在弹出的窗口中选择 Scan a computer,如图 2-5-41 所示。

图 2 - 5 - 40　安全日志

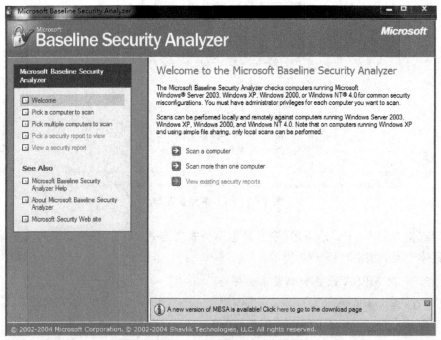

图 2 - 5 - 41　MBSA 欢迎界面

在弹出的窗口中填写本地计算机名称或 IP 地址,并选择希望扫描的漏洞类型。这里采用全部漏洞扫描,单击"Start scan"按钮,扫描计算机,如图 2 - 5 - 42 所示。

注意:由于扫描过程中需要连接 Microsoft 网站,因此需要事先配置好网络连接。

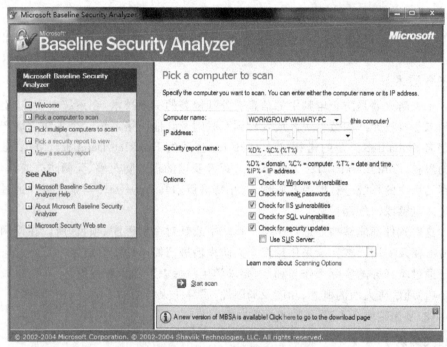

图 2 - 5 - 42 设置漏洞扫描项目

扫描完毕后,弹出安全性报告。

2)查看安全性报告并手动修复漏洞

安全性报告中,最左侧一栏为评估结果,其中红色和黄色的叉号("X")表示该项目未能通过测试;雪花图标表示该项目还可以进行优化,也可能是程序跳过了其中的某项测试;感叹号表示有更详细的信息;绿色的对勾表示该项目已经通过测试;What was scan 表明检查的项目;Result detail 中详细说明了该项目中出现的问题;How to correct this 说明了解决的方式。

第三部分 网络安全

任务1 瑞星个人防火墙的安装与配置

【任务描述】

个人防火墙是防止电脑中的信息被外部侵袭的一项技术,在系统中监控、阻止任何未经授权允许的数据进入或发出到互联网及其他网络系统。个人防火墙产品如著名 Symantec 公司的诺顿、Network Ice 公司的 BlackIce Defender、McAfee 公司的思科、Zone Lab 的 free ZoneAlarm 以及我国的瑞星防火墙、天网防火墙等,都能帮助用户的系统进行监控及管理,防止特洛伊木马、spy-ware 等病毒程序通过网络进入电脑或向外部扩散。

这些软件都能够独立运行于整个系统中或针对个别程序、项目,所以在使用时十分方便及实用。本实验采用瑞星个人防火墙进行简单的配置应用。

通过本任务的实际操作与训练,要求学生掌握以下知识和技能:

(1)理解防火墙的概念、功能及局限性,了解防火墙的类型。

(2)掌握瑞星个人防火墙的使用方法。

【相关知识】

随着计算机技术的迅速发展,在计算机上处理的业务也由基于单机的数学运算、文件处理,基于简单连接的内部网络的内部业务处理、办公自动化等发展到基于复杂的内部网、企业外部网、全球互联网的企业级计算机处理系统和世界范围内的信息共享和业务处理。在系统处理能力提高的同时,系统的连接能力也在不断提高。但在连接能力信息、流通能力提高的同时,基于网络连接的安全问题也日益突出,因此计算机安全问题,应该像每家每户的防火防盗问题一样,做到防范于未然。防火墙是一个安全策略的检查站。所有进出的信息都必须通过防火墙,防火墙便成为安全问题的检查点,使可疑的访问被拒于门外。

防火墙对流经它的网络通信进行扫描,这样能够过滤掉一些攻击,以免其在目标计算机上被执行。防火墙还可以关闭不使用的端口。而且它还能禁止特定端口的流出通信,封锁特洛伊木马。最后,它可以禁止来自特殊站点的访问,从而防止来自不明入侵者的所有通信。

例如,防火墙可以限制 TCP、UDP 协议及 TCP 协议允许访问端口范围,当不符合条件时,程序将询问用户或禁止操作,这样可以防止恶意程序或木马向外发送、泄露主机信息。并且可以通过配置防火墙 IP 规则,监视和拦截恶意信息。与此同时,还可以利用 IP 规则封杀指定 TCP/UDP 端口,有效地防御入侵,如 139 漏洞、震荡波等。

瑞星个人防火墙目前是永久免费的,以瑞星最新研发的变频杀毒引擎为核心,通过变频技术使电脑得到安全保证的同时,又大大降低资源占用,让电脑更加轻便。

"智能云安全"是指针对互联网上大量出现的恶意病毒、挂马网站和钓鱼网站等,瑞星"智能云安全"系统可自动收集、分析、处理,完美阻截木马攻击、黑客入侵及网络诈骗,为用户上网提供智能化的整体上网安全解决方案。

"智能反钓鱼"是瑞星 2012 版独有功能,利用网址识别和网页行为分析的手段有效拦截恶意钓鱼网站,保护用户个人隐私信息、网上银行帐号密码和网络支付帐号密码安全。

瑞星智能安全防护 MSN 聊天防护:为 MSN 用户聊天提供加密保护,防止隐私外泄。

稠能流量监控:使用户可以了解各个软件产生的上网流量。

稠能 ARP 防护:智能检测局域网内的 ARP 攻击及攻击源,针对出站、入站的 ARP 进行检测,并且能够检测可疑的 ARP 请求,分别对各种攻击标示严重等级,方便企业 IT 人员快速准确地解决网络安全隐患。

【实现过程】

1. 瑞星个人防火墙的安装

瑞星个人防火墙的安装较为简单,安装过程如下:

打开下载好的瑞星个人防火墙程序,出现如图 3-1-1 所示的向导对话框。

单击"确定",出现如图 3-1-2 所示的欢迎界面。

点击"下一步",出现如图 3-1-3 所示的最终用户许可协议界面。

继续点击"下一步",出现如图 3-1-4 所示的选择安装模式界面。

选择安装模式后点击"下一步"或"完成",开始安装,如图 3-1-5 所示。

安装完成后,打开瑞星防火墙,界面如图 3-1-6 所示。

图 3-1-1　向导对话框

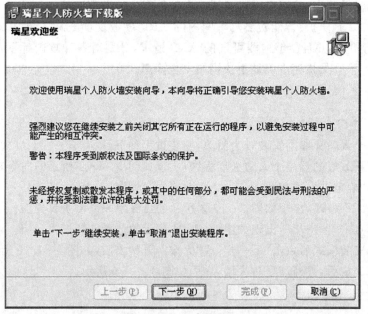

图 3-1-2　欢迎界面

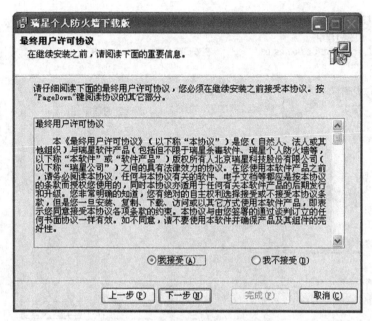

图 3-1-3　最终用户许可协议界面

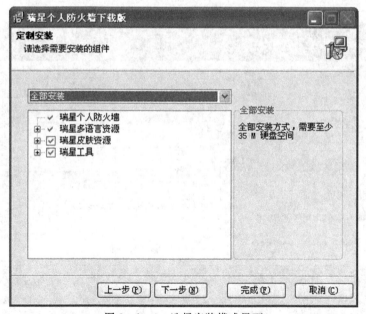

图 3-1-4　选择安装模式界面

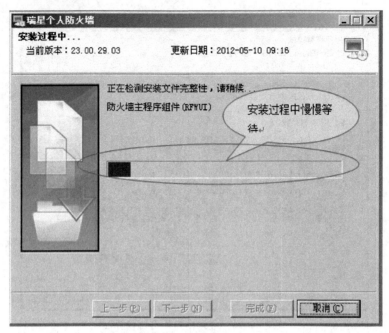

图 3 - 1 - 5　安装过程中

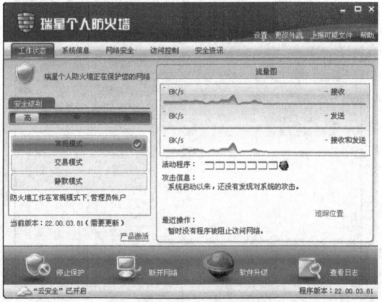

图 3 - 1 - 6　瑞星防火墙启动界面

2. 瑞星个人防火墙的配置

1)网络监控

网络监控的设置,主要是防火墙对当前计算机在使用过程中应用程序网站访问监控、IP 包过滤、恶意网址拦截、ARP 欺骗防御、网络攻击拦截、出站攻击防御等的配置。配置界面如图 3-1-7 所示。

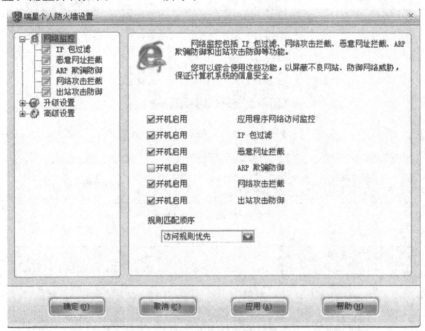

图 3-1-7　网络监控

2)IP 包过滤

点击 IP 包过滤,在右侧会有相关的设置选项,如:IP 规则、端口开关等。在 IP 规则里面可以看到很多协议的状态,以及使用的网络协议、端口等信息,可以对其进行编辑、删除等操作。配置界面如图 3-1-8 所示。

3)网络攻击拦截

在右侧可以查看到很多网络攻击的规则、漏洞,包括很多浏览器攻击、溢出、木马等。这些都是防火墙所拦截的恶意信息。配置界面如图 3-1-9 所示。

4)对应安全措施开启

在主菜单网络安全里,可以开启一些相应的安全设施,如:IP 包过滤、ARP 欺骗、恶意网站拦截等。配置界面如图 3-1-10 所示。

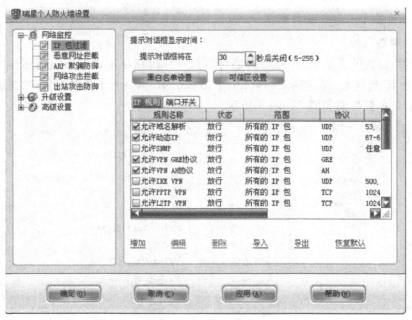

图 3-1-8　IP 包过滤

图 3-1-9　网络攻击拦截

图 3-1-10 对应安全措施开启

5）主菜单访问控制

这里面可以看到本机所安装的一些软件，并可以对其进行相应的编辑、修改等。配置界面如图 3-1-11 所示。

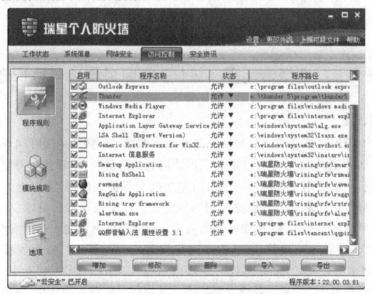

图 3-1-11 主菜单访问控制

6)查看防火墙日志

为了定期对防火墙拦截的不明程序进行查看,可以用 X-Scan 扫描工具,对本机进行扫描,然后查看防火墙的拦截日志。配置界面如图 3-1-12 所示。

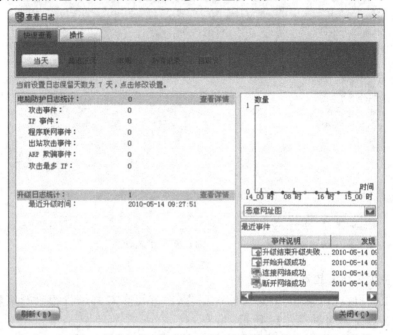

图 3-1-12　查看防火墙日志

任务 2　虚拟专用网（VPN）的服务器端与客户端配置

【任务描述】

虚拟专用网是近几年兴起的网络新技术。虚拟专用网利用因特网环境来建立企业自己的专用网络,以尽可能地利用因特网的网络资源,节省企业网络建设的投资。由于目前因特网本身还是一个没有绝对安全保证的网络,建立虚拟专用网的关键是保证专用网的安全。虚拟专用网的安全机制是通过加密技术、验证技术和数据确认技术的共同应用,在因特网的两个节点之间或网址之间建立安全隧道。

在 VPN 的技术应用领域,远程访问是 VPN 基本应用类型,远程移动用户通过 VPN 技术可以在任何时间、任何地点采用拨号、ISDN、DSL、移动 IP 和电缆技术与公司内部网的 VPN 设备建立起隧道或秘密信道实现访问连接,此时的远程用户终端设备上必须加装相应的 VPN 软件。推而广之,远程用户可与任何一台主机或网络在相同策略下利用公共通信网络设施实现 VPN 访问。

例如:当一个企业的 VPN 需要扩展到远程访问时,就要注意,这些与公司网络直接或者始终在线的连接将会是黑客攻击的主要目标。因为远程工作的员工通过防火墙之外的个人计算机可以接触到公司预算、战略计划以及工程项目等核心内容,这就构成了公司安全防御系统中的弱点。虽然,员工可以双倍地提高工作效率,并减少在交通上所花费的时间,但同时也为黑客、竞争对手以及商业间谍提供了无数进入公司网络核心的机会。

黑客为了入侵员工的家用计算机,需要探测 IP 地址。有统计表明,使用拨号连接的 IP 地址几乎每天都受到黑客的扫描。因此,如果在家办公人员具有一条诸如 DSL 的不间断连接链路(通常这种连接具有一个固定的 IP 地址),会使黑客的入侵更为容易,因为,拨号连接在每次接入时都被分配不同的 IP 地址,虽然它也能被侵入,但相对要困难一些。一旦黑客侵入家庭计算机,他便能够远程运行员工的VPN 客户端软件。因此,必须有相应的解决方案堵住远程访问 VPN 的安全漏洞,使员工与网络的连接既能充分体现 VPN 的优点,又不会成为安全的威胁。

通过本任务的实际操作与训练,要求学生掌握以下知识和技能:

(1)掌握 VPN 的服务器端配置。

(2)掌握 VPN 的客户端配置。

(3)加深对 VPN 的理解与应用。

【相关知识】

1. 虚拟专用网简介

虚拟专用网不是真的专用网络,但却能够实现专用网络的功能。虚拟专用网指的是依靠 ISP(Internet 服务提供商)和其他 NSP(网络服务提供商),在公用网络中建立专用的数据通信网络的技术。在虚拟专用网中,任意两个节点之间的连接并没有传统专用网所需的端到端的物理链路,而是利用某种公众网的资源动态组成。IETF 草案理解基于 IP 的 VPN 是:使用 IP 机制仿真出一个私有的广域网,是通过私有的隧道技术在公共数据网络上仿真一条点到点的专线技术。

正是由于 VPN 的运行借助于复杂且公共的广域网,甚至是 Internet,因而它的安全性问题日益突出。具体来说,VPN 主要采用五项技术来保证其安全性,分别是隧道技术(Tunneling)、加密/解密技术(Encryption & Decryption)、密钥管理技术(Key Management)、QoS 技术、身份认证技术(Authentication)。VPN 远程访问的安全问题是 VPN 的核心问题,在个人计算机上安装个人防火墙是极为有效的解决方法,它可以使非法入侵者难以进入公司网络。

防火墙可以用来进行报文过滤,以便允许或者不允许那些非常特殊的网络流量信息通过。IP报文过滤功能为用户提供了一种方法,用来精确地定义什么类型的IP流量允许通过防火墙,IP报文过滤功能对于将专用网络连接到公共网络(例如Internet)非常重要。

可以有两种方法在VPN服务器上使用防火墙:

(1)VPN服务器在Internet上,而防火墙位于VPN服务器与内部网之间,即VPN服务器位于防火墙之前。

(2)防火墙在Internet上,VPN服务器位于防火墙与内部网之间,即VPN服务器位于防火墙之后。

默认情况下,在设置远程访问服务器时,Windows 2000不受物理硬件的限制,已经自动创建了5个PPTP端口和5个L2TP端口。

2.远程访问服务器的设计

远程访问服务器的设计内容包括:选择允许使用的客户协议,远程访问策略及确定远程访问服务器的连接方式。

1)选择允许使用的客户协议

选择允许客户使用的协议包括两部分内容:客户进行远程访问的协议与客户计算机或客户计算机所在的局域网使用的协议。

如果客户是通过拨号方式进行远程访问的,那么应该使用PPP协议,而不要使用早期的SLIP协议。对于客户的计算机安装的是Microsoft的操作系统的情况,应尽量使用TCP/IP协议,并且当使用一种协议就可以满足要求时,不要再安装其他协议。因为安装的协议越多,所需要消耗的计算机资源就越多。如果客户是Novell网或其他局域网,则根据网络要求安装相应的协议,如IPX/SPX等。

2)远程访问策略

远程访问策略包括3个组件:条件、权限和配置文件。这些组件与活动目录协同工作,提供对远程访问服务器的安全访问。

一般情况下,设计远程访问服务器时,均采用默认的远程访问策略,即"如果授予拨号权限,则允许拨号"。这个默认的策略在不重新设置时,对所有用户生效。该默认的策略有以下配置:

①将"日期与时间约束"条件设置为所有日期和所有时间。

②将权限设置为"拒绝远程访问权限"。

③将所有配置文件属性设置为默认值。

在安装路由与远程访问服务器程序时,这个默认的策略已经被创建,不要轻易删除它。需要注意的是:

①如果默认的远程访问策略被删除了,则不论用户的拨入属性如何,都将不能访问网络。

②当域运行的是本机模式或提供远程访问的服务器是未加入域的独立服务器时,如果不修改默认的远程访问策略,用户的拨号属性只被设为"通过远程访问策略来控制访问",则所有的连接都将被拒绝,只有将用户的拨号属性设为"允许访问",该用户的连接才能被接受。

③在混合模式域中,"通过远程访问策略来控制访问"不可用,但其他的远程访问策略都可用。

3)确定远程访问服务器的连接方式

远程访问服务器的连接方式有拨号网络方式和虚拟专用网两种。对于单独的远程访问客户机,自然是采用拨号网络方式;而对于企业网中的客户机,最好采用虚拟专用网技术。

下面具体讲述安装和配置 Windows 2000 Server VPN 的远程访问服务器端和客户端的步骤。

【实现过程】

在这一实验中,将在 Windows 2000 中创建一个 VPN 连接。完成这一实验后,将能够:

(1)在服务器端安装"路由和远程访问"服务。

(2)在服务器端配置"路由和远程访问"服务,使它允许入站 VPN 连接。

(3)在客户端利用"网络连接"向导配置并测试出站 VPN 连接。

在安装 Windows 2000 服务器时,就已经自动安装上了远程访问组件。Windows 2000 的远程访问组件包括两部分:路由和远程访问。远程访问组件包括路由的原因是 Windows 2000 的远程访问协议具有路由功能。虽然远程访问组件在安装 Windows 2000 服务器时已经自动安装,但是没有进行人工启动之前保持停用状态。

本实验所用的 IP 地址为 192.168.0.12。

1. 配置 Windows 2000 Server VPN 服务器端的步骤

(1)单击"开始"→"设置"→"控制面板"→"管理工具"→"路由和远程访问"选项,如图 3-2-1 所示。

(2)双击"路由和远程访问"图标,打开如图 3-2-2 所示的"路由和远程访问"窗口。

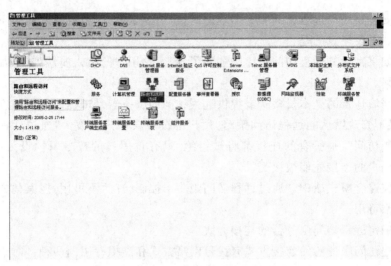

图 3-2-1　管理工具

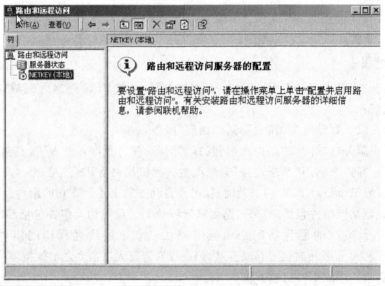

图 3-2-2　路由和远程访问

　　(3)选中服务器,打开"操作"菜单,然后单击"配置并启用路由和远程访问"命令,启动"路由和远程访问服务器安装向导"对话框,如图 3-2-3 所示。

　　(4)单击"下一步",进入如图 3-2-4 所示的"路由和远程访问服务器安装向导—公共设置"对话框。

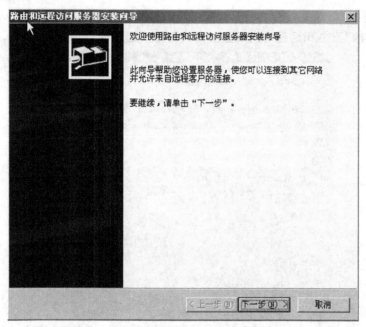

图 3-2-3　路由和远程访问服务器安装向导

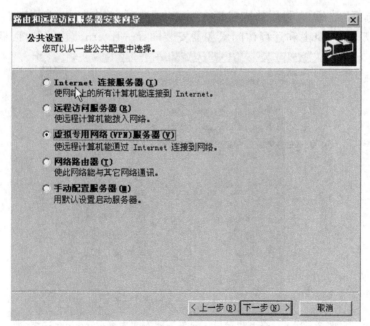

图 3-2-4　路由和远程访问服务器安装向导—公共设置

(5)选择"虚拟专用网络(VPN)服务器"选项,单击"下一步"按钮,打开如图3-2-5所示的"路由和远程访问服务器安装向导—远程客户协议"对话框。

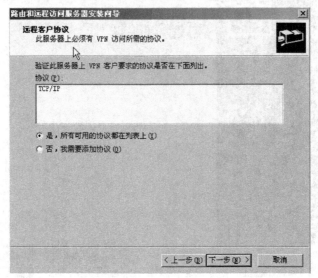

图3-2-5　路由和远程访问服务器安装向导—远程客户协议

(6)选择"是,所有可用的协议都在列表上"选项,单击"下一步"按钮,打开如图3-2-6所示的"路由和远程访问服务器安装向导—Internet连接"对话框。

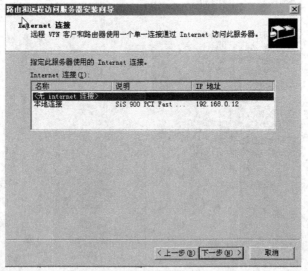

图3-2-6　路由和远程访问服务器安装向导—Internet连接

（7）单击"下一步"按钮，打开如图 3－2－7 所示的"路由和远程访问服务器安装向导—IP 地址指定"对话框。

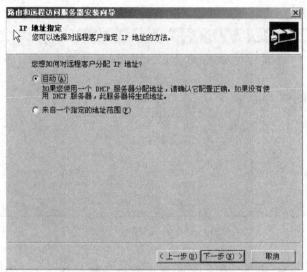

图 3－2－7 路由和远程访问服务器安装向导—IP 地址指定

（8）选择"来自一个指定的地址范围"选项，单击"下一步"按钮，打开如图 3－2－8 所示的"路由和远程访问服务器安装向导—地址范围指定"对话框。

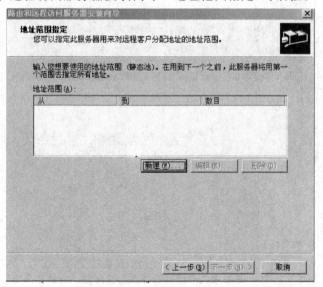

图 3－2－8 路由和远程访问服务器安装向导—地址范围指定

(9)单击"新建"按钮,打开如图3－2－9所示"新建地址范围"的对话框,输入起始的 IP 地址为 192.168.0.11,结束的 IP 地址为 192.168.0.55。这里的地址范围主要根据本机的 IP 地址来确定。

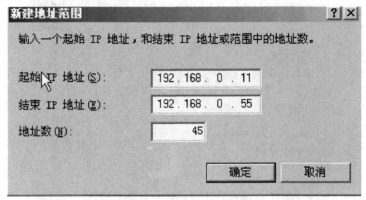

图 3－2－9　新建地址范围

(10)单击"确定"按钮,"路由和远程访问服务器安装向导—地址范围指定"对话框中列出了已指定的地址范围,如图3－2－10所示。

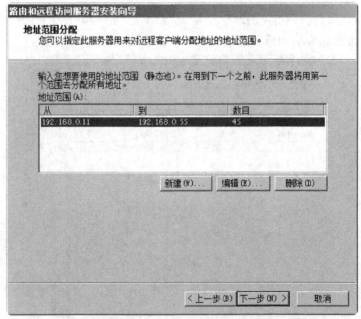

图 3－2－10　路由和远程访问服务器安装向导—地址范围指定

(11)单击"下一步"按钮,打开如图3-2-11所示的"路由和远程访问服务器安装向导—管理多个远程访问服务器"对话框。

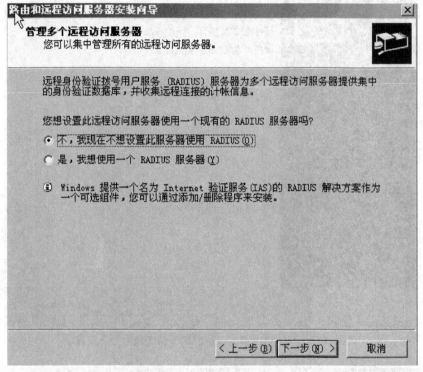

图3-2-11　路由和远程访问服务器安装向导—管理多个远程访问服务器

(12)选择"不,我现在不想设置此服务器使用 RADIUS"选项,单击"下一步"按钮,打开如图3-2-12所示的"路由和远程访问服务器安装向导—完成"对话框。

(13)至此,已成功配置了一个 VPN 服务器,单击"完成"按钮,打开如图3-2-13所示的对话框。

(14)点击"确定"按钮,出现"正在完成初始化"窗口,如图3-2-14所示。

(15)返回到图3-2-2所示的"路由和远程访问"窗口,可以看到右侧显示内容,如图3-2-15所示,点击"远程访问策略"。

(16)双击"远程访问策略",双击"如果启用拨入许可,就允许访问"选项,进入"如果启用拨入许可,就允许访问属性"对话框,如图3-2-16所示。

(17)选择"授予远程访问权限",点击"确定"按钮,关闭窗口。

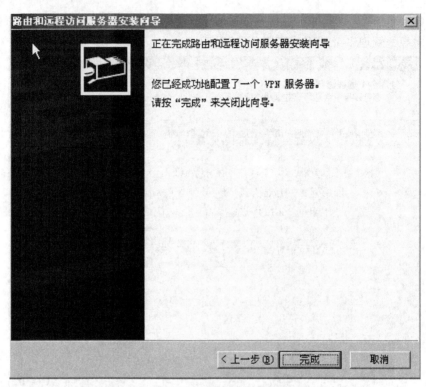

图 3-2-12　路由和远程访问服务器安装向导—完成

图 3-2-13　路由与远程访问

图 3-2-14　正在完成初始化

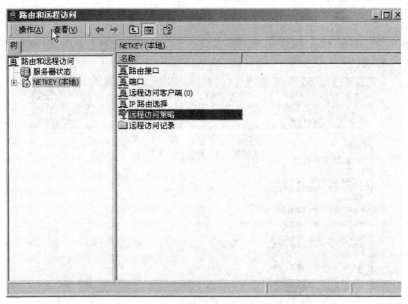

图 3-2-15 路由和远程访问—远程访问策略

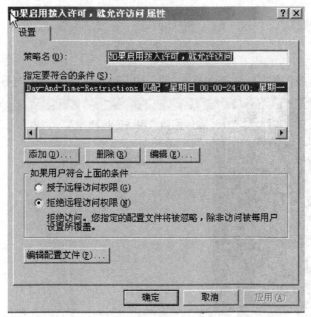

图 3-2-16 如果启用拨入许可,就允许访问属性

2. 配置 Windows 2000Server VPN 客户端的步骤

(1)右键单击"网上邻居",选择"属性",打开"网络和拨号连接"对话框,如图 3-2-17所示。

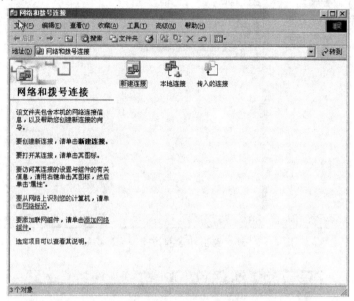

图 3-2-17　网络和拨号连接

(2)双击"新建连接",打开如图 3-2-18 所示的"网络连接向导"对话框。

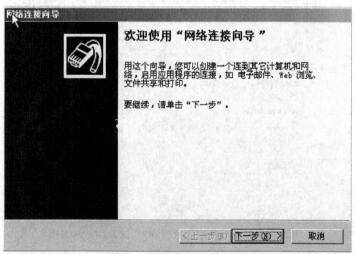

图 3-2-18　网络连接向导

（3）单击"下一步"按钮，打开如图 3 - 2 - 19 所示的"网络连接向导—网络连接类型"对话框。

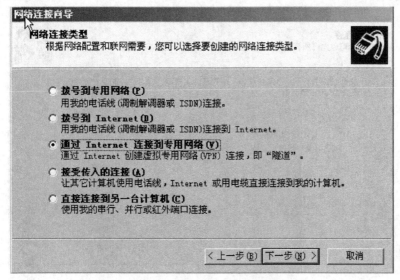

图 3 - 2 - 19　网络连接向导—网络连接类型

（4）选择"通过 Internet 连接到专用网络"选项，单击"下一步"按钮，打开如图 3 - 2 - 20 所示的"网络连接向导—目标地址"对话框。

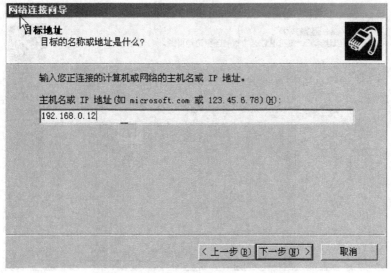

图 3 - 2 - 20　网络连接向导—目标地址

（5）输入 IP 地址：192.168.0.12，单击"下一步"按钮，打开如图 3 - 2 - 21 所示的"网络连接向导—可用连接"对话框。

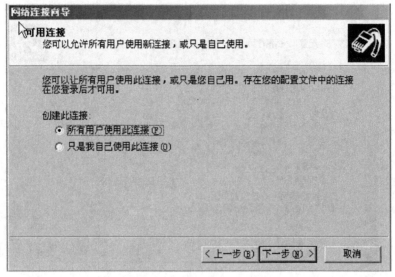

图 3 - 2 - 21　网络连接向导—可用连接

（6）选择"所有用户使用此连接"，单击"下一步"按钮，打开如图 3 - 2 - 22 所示的"网络连接向导—Internet 连接共享"对话框。

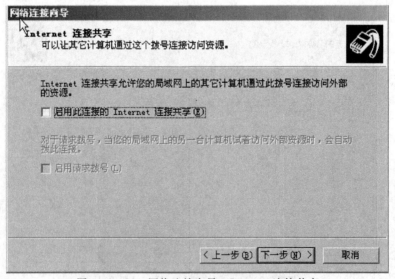

图 3 - 2 - 22　网络连接向导—Internet 连接共享

(7)选择"启用此连接的 Internet 连接共享",单击"下一步"按钮,打开如图 3-2-23 所示的"网络连接向导—完成网络连接向导"对话框。

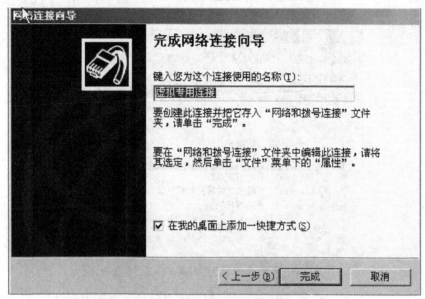

图 3-2-23 网络连接向导—完成网络连接向导

(8)键入这个连接使用的名称"虚拟专用连接",点击"完成"按钮,打开如图 3-2-24 所示的"连接 虚拟专用连接"对话框。

图 3-2-24 连接虚拟专用连接

（9）输入用户名和密码，并且选择"保存密码"。单击"属性"按钮，可打开如图3-2-25所示的"虚拟专用连接"的属性对话框，在其中可选择浏览属性对话框中的"常规"、"选项"、"安全措施"、"网络"和"共享"等选项卡。

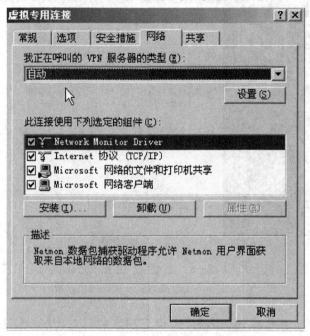

图 3-2-25　虚拟专用连接

（10）点击图 3-2-24 中的"连接"按钮，打开如图 3-2-26 所示的"正在连接虚拟专用连接"对话框。

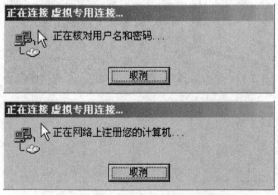

图 3-2-26　正在连接 虚拟专用连接

(11)至此,就完成了客户端配置,右下角的系统托盘上出现了两个网络连接图标。其中一个是 VPN 虚拟专用连接,另一个是 VPN 服务器接受传入的连接。

任务3 木马清除软件的安装和使用

【任务描述】

木马克星是一款适合于网络用户的安全软件,既有面对新手的扫描内存和扫描硬盘功能,也有面对网络高手的众多调试查看系统功能。木马克星 2008 系列内置木马防火墙,任何黑客试图与本机可疑端口建立连接,都需要 Iparmor 确认,包括邮件监视技术、QQ 密码偷窃以及 getpass 密码邮寄均需要 Iparmor 确认,最大程度保证了用户的密码安全。

通过本任务的实际操作与训练,要求学生掌握以下知识和技能:

(1)学习木马克星 2008 安装步骤。

(2)掌握清除计算机中木马程序的方法。

【相关知识】

特洛伊木马(以下简称木马),英文叫做"Trojan horse",其名称取自希腊神话的特洛伊木马记。

古希腊传说,特洛伊王子帕里斯访问希腊,诱走了王后海伦,希腊人因此远征特洛伊。围攻 9 年后,到第 10 年,希腊将领奥德修斯献了一计,把一批勇士埋伏在一匹巨大的木马腹内,放在城外后,佯作退兵。特洛伊人以为敌兵已退,就把木马作为战利品搬入城中。到了夜间,埋伏在木马中的勇士跳出来,打开了城门,希腊将士一拥而入攻下了城池。后来,人们在写文章时就常用"特洛伊木马"这一典故,用来比喻在敌方营垒里埋下伏兵里应外合的活动。

在计算机领域中,木马是一种基于远程控制的黑客工具,具有隐蔽性和非授权性的特点。

所谓隐蔽性是指木马的设计者为了防止木马被发现,会采用多种手段隐藏木马,这样服务端即使发现感染了木马,由于不能确定其具体位置,往往只能望"马"兴叹。

所谓非授权性是指一旦控制端与服务端连接后,控制端将享有服务端的大部分操作权限,包括修改文件,修改注册表,控制鼠标、键盘等,而这些权力并不是服务端赋予的,而是通过木马程序窃取的。

从木马的发展来看,基本上可以分为两个阶段。

最初网络还处于以 UNIX 平台为主的时期,木马就产生了,当时的木马程序的功能相对简单,往往是将一段程序嵌入到系统文件中,用跳转指令来执行一些木马的功能,在这个时期木马的设计者和使用者大都是些技术人员,必须具备相当的网络和编程知识。

随着 Windows 平台的日益普及,一些基于图形操作的木马程序出现了,用户界面的改善,使使用者不用懂太多的专业知识就可以熟练地操作木马,相对的木马入侵事件也频繁出现,而且由于这个时期木马的功能已日趋完善,因此对服务端的破坏也更大了。

木马发展到今天,已经无所不用其极,一旦被木马控制,电脑将毫无秘密可言。用木马这种黑客工具进行网络入侵,从过程上看大致可分为六步。

1. 配置木马

一般来说一个设计成熟的木马都有木马配置程序,从具体的配置内容看,主要是为了实现以下两方面功能:

1)木马伪装

木马配置程序为了在服务端尽可能好地隐藏木马,会采用多种伪装手段,如修改图标、捆绑文件、定制端口、自我销毁等。

2)信息反馈

木马配置程序将就信息反馈的方式或地址进行设置,如设置信息反馈的邮件地址、IRC 号等。

2. 传播木马

1)传播方式

木马的传播方式主要有两种:一种是通过 E-mail,控制端将木马程序以附件的形式夹在邮件中发送出去,收信人只要打开附件,就会感染木马;另一种是软件下载,一些非正规的网站以提供软件下载为名义,将木马捆绑在软件安装程序上,下载后,只要一运行这些程序,木马就会自动安装。

2)伪装方式

鉴于木马的危害性,很多人对木马知识还是有一定了解的,这对木马的传播起了一定的抑制作用,这是木马设计者所不愿见到的,因此他们开发了多种功能来伪装木马,以达到降低用户警觉、欺骗用户的目的,伪装方式有很多种,这里不再一一列举。

3. 运行木马

服务端用户运行木马或捆绑木马的程序后,木马就会自动进行安装。首先将自身拷贝到 Windows 的系统文件夹中(C:\WINDOWS 或 C:\WINDOW\SYSTEM 目录下),然后在注册表,启动组,非启动组中设置好木马的触发条件,这样木马的安装就完成了。

4. 信息泄露

一般来说,设计成熟的木马都有一个信息反馈机制。所谓信息反馈机制是指木马成功安装后会收集一些服务端的软硬件信息,并通过 E-mail、IRC 或 ICQ 的方式告知控制端用户。

从反馈信息中控制端可以知道服务端的一些软硬件信息,包括使用的操作系统、系统目录、硬盘分区情况、系统口令等,在这些信息中,最重要的是服务端 IP,因为只有得到这个参数,控制端才能与服务端建立连接。

5. 建立连接

一个木马连接的建立首先必须满足两个条件:一是服务端已安装了木马程序;二是控制端、服务端都要在线。在此基础上控制端可以通过木马端口与服务端建立连接。

假设 A 机为控制端,B 机为服务端,对于 A 机来说要与 B 机建立连接必须知道 B 机的木马端口和 IP 地址,由于木马端口是 A 机事先设定的,为已知项,所以最重要的是如何获得 B 机的 IP 地址。获得 B 机的 IP 地址的方法主要有两种:信息反馈和 IP 扫描。因为 B 机装有木马程序,所以它的木马端口 7626 是处于开放状态的,所以现在 A 机只要扫描 IP 地址段中 7626 端口开放的主机就行了,例如 B 机的 IP 地址是 202.102.47.56,当 A 机扫描到这个 IP 时发现它的 7626 端口是开放的,那么这个 IP 就会被添加到列表中,这时 A 机就可以通过木马的控制端程序向 B 机发出连接信号,B 机中的木马程序收到信号后立即作出响应,当 A 机收到响应的信号后,开启一个随机端口 1031 与 B 机的木马端口 7626 建立连接,到这时一个木马连接才算真正建立。

值得一提的是,要扫描整个 IP 地址段显然费时费力,一般来说控制端都是先通过信息反馈获得服务端的 IP 地址。由于拨号上网的 IP 是动态的,即用户每次上网的 IP 都是不同的,但是这个 IP 是在一定范围内变动的,如 B 机的 IP 是 202.102.47.56,那么 B 机上网 IP 的变动范围是在 202.102.000.000~202.102.255.255,所以每次控制端只要搜索这个 IP 地址段就可以找到 B 机了。

6. 远程控制

木马连接建立后,控制端端口和木马端口之间将会出现一条通道。

控制端上的控制端程序可借这条通道与服务端上的木马程序取得联系,并通过木马程序对服务端进行远程控制。

下面就介绍一下控制端具体能享有哪些控制权限。

1)窃取密码

一切以明文的形式、*形式或缓存在 cache 中的密码都能被木马侦测到。此外,很多木马还提供有击键记录功能,它会记录服务端每次敲击键盘的动作,所以一旦有木马入侵,密码将很容易被窃取。

2)文件操作

控制端可借由远程控制对服务端上的文件进行删除、新建、修改、上传、下载、运行、更改属性等一系列操作,基本涵盖了 Windows 平台上所有的文件操作功能。

3)修改注册表

控制端可任意修改服务端注册表,包括删除、新建或修改主键、子键、键值。有了这项功能,控制端就可以禁止服务端软驱、光驱的使用,锁住服务端的注册表,将服务端上木马的触发条件设置得更隐蔽。

4)系统操作

这项内容包括重启或关闭服务端操作系统,断开服务端网络连接,控制服务端的鼠标、键盘,监视服务端桌面操作,查看服务端进程等,控制端甚至可以随时给服务端发送信息。

木马和病毒都是一种人为的程序。电脑病毒完全就是为了搞破坏,破坏电脑里的资料数据,除了破坏之外,无非就是有些病毒制造者为了达到某些目的而进行威慑和敲诈勒索,或炫耀自己的技术。"木马"不一样,木马的作用是赤裸裸地偷偷监视别人和盗窃别人的密码、数据等,如盗窃管理员密码搞破坏,偷窃上网密码用于他用,盗窃游戏帐号、股票帐号、网上银行帐户等,达到偷窥别人隐私和得到经济利益的目的。所以许多别有用心的程序开发者大量地编写这类带有偷窃和监视别人电脑的侵入性程序,这就是目前网上木马泛滥成灾的原因。鉴于木马的这些巨大危害性和它与早期病毒的作用性质不一样,所以木马虽然属于病毒中的一类,但是要单独地从病毒类型中间剥离出来,独立地称之为"木马"程序。

一般来说,一种杀毒软件程序,如果它的木马专杀程序能够查杀木马的话,那么它自己的普通杀毒程序也能够杀掉这种木马。实际上,一般的普通杀毒软件里都包含了对木马的查杀功能。还有一点就是,把查杀木马程序单独剥离出来,可以提高查杀效率,现在很多杀毒软件里的木马专杀程序只对木马进行查杀,不去检查普通病毒库里的病毒代码,也就是说当用户运行木马专杀程序的时候,程序只调用木马代码库里的数据,而不调用病毒代码库里的数据,大大提高木马查杀速度。查杀普通病毒的速度是比较慢的,因为现在有太多的病毒。每个文件要经过几万条木马代码的检验,再加上已知的近 10 万个病毒代码的检验,速度很慢。省去普通病毒代码检验,就能大幅度地提高查杀木马的效率。

【实现过程】

1. 安装木马克星 2008

(1)双击执行木马克星 2008 的安装文件,然后选"我同意此协议(A)",并点击"下一步",如图 3-3-1 所示。

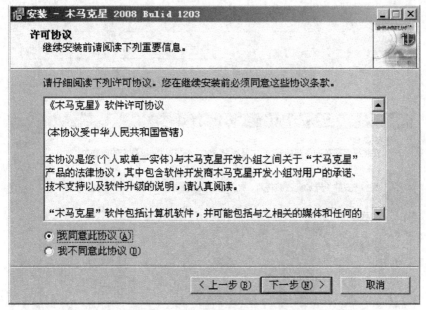

图 3-3-1　木马克星 2008 许可协议

(2)根据需要选择文件安装目标位置(默认为 C:\Program Files\Iparmor),如图 3-3-2 所示,点击"下一步"。

(3)点击"安装"菜单,文件程序会自动安装,如图 3-3-3 所示。最后,文件程序安装完毕,点击"完成"即可,如图 3-3-4 所示。

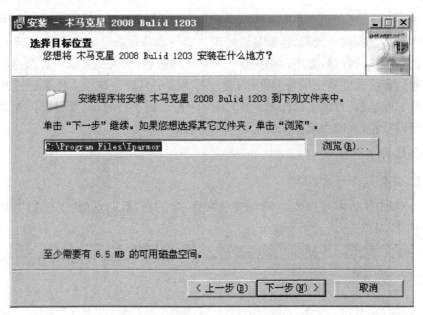

图 3 - 3 - 2　选择目标位置

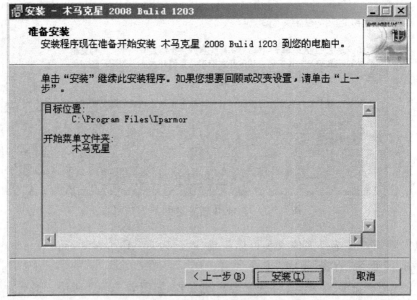

图 3 - 3 - 3　准备安装

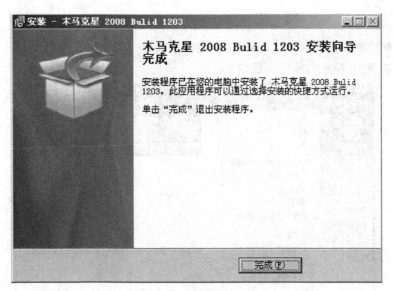

图 3-3-4 完成安装

2. 启动木马克星

启动木马克星"iparmor.exe",软件启动后自动进入如图 3-3-5 所示的界面。该软件在启动后首先会扫描内存页面,直观地显示了当前内存中有没有木马。

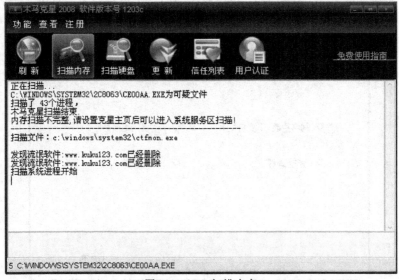

图 3-3-5 扫描内存

3. 软件注册

该软件需要进行注册,以确保正常使用该软件全部功能。如图 3-3-6 所示,点击菜单项中"注册",输入注册信息。

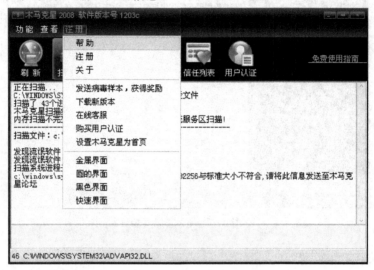

图 3-3-6　注册选项

4. 设置木马拦截选项

在木马克星的"设置"选项中,可以对"木马拦截"进行设置。点击"木马拦截",出现如图 3-3-7 所示的窗口。

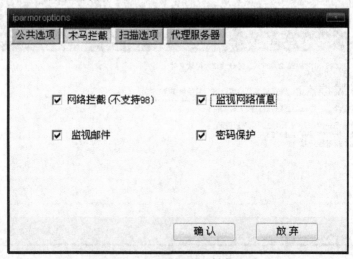

图 3-3-7　设置木马拦截选项

①网络拦截：就是网络防火墙，拦截一切非法程序。

②监视网络信息：查看谁在连接你的 IP。

③监视邮件：主要监视 POP3 类的邮箱。

④打开密码保护：把密码伪装成 iparmon 这个词组，所有其他盗窃密码的软件所看到的都将是 iparmon。

5. 设置扫描选项

点击"扫描选项"进行设置，如图 3－3－8 所示，如果是第一次扫描，建议选择扫描全部文件，也可以按照图片上的选项有目的地进行选择。

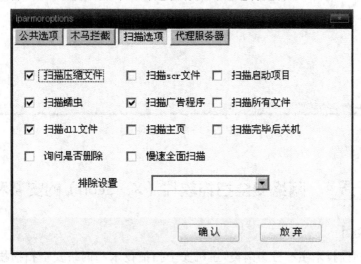

图 3－3－8 设置扫描选项

6. 开始扫描

选择好之后点击"确认"进行保存设置，否则点击"放弃"。接下来点击"功能"项中的"扫描硬盘"菜单，将"扫描所有盘"、"清除木马"这两个选项均打上勾，点击"扫描"就开始进行硬盘扫描，如图 3－3－9 所示。

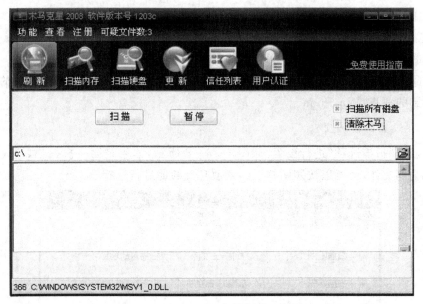

图 3 - 3 - 9　扫描硬盘

任务 4　网络安全扫描软件（X - Scan）的安装和使用

【任务描述】

　　安全扫描技术主要分为两类：主机安全扫描技术和网络安全扫描技术。网络安全扫描技术主要针对系统中的脆弱口令，以及其他同安全规则抵触的对象进行检查等；而主机安全扫描技术则是通过执行一些脚本文件模拟对系统进行攻击的行为并记录系统的反应，从而发现其中的漏洞。

　　网络安全扫描技术是一类重要的网络安全技术。安全扫描技术与防火墙、入侵检测系统互相配合，能够有效提高网络的安全性。通过对网络的扫描，网络管理员可以了解网络的安全配置和运行的应用服务，及时发现安全漏洞，客观评估网络风险等级。网络管理员可以根据扫描的结果更正网络安全漏洞和系统中的错误配置，在黑客攻击前进行防范。如果说防火墙和网络监控系统是被动的防御手段，那么安全扫描就是一种主动的防范措施，可以有效地避免黑客攻击行为，做到防患于未然。

　　目前常用的网络安全扫描工具有 X - Scan 等。本任务将通过 X - Scan 扫描工具的安装和配置实际操作对网络安全扫描相关知识进行学习。

通过本任务的实际操作与训练,要求学生掌握以下知识和技能:

(1)网络扫描技术及涉及的相关基本知识。

(2)使用安全扫描工具 X－Scan 进行安全扫描。

(3)分析安全报表并利用安全报表进行安全加固。

【相关知识】

X－Scan 是中国著名的综合扫描器之一,它是绿色软件,界面支持中文和英文两种语言,包括图形界面和命令行方式(X－Scan3.3 以后取消了命令行方式)。X－Scan 主要由国内著名的民间黑客组织"安全焦点"(http://www.xfocus.net)完成,从 2000 年的内部测试版 X－Scan V0.2 到目前的最新版本 X－Scan3.3 都凝聚了国内众多黑客的努力。X－Scan 把扫描报告和安全焦点网站相连接,对扫描到的每个漏洞进行"风险等级"评估,并提供漏洞描述和漏洞溢出程序,方便网管测试、修补漏洞。

X－Scan 采用多线程方式对指定 IP 地址段(或单机)进行安全漏洞检测,支持插件功能,提供了图形界面和命令行两种操作方式,扫描内容包括:远程操作系统类型及版本,标准端口状态及端口 Banner 信息、CGI 漏洞、IIS 漏洞、RPC 漏洞、SQL－Server、FTP－Server、SMTP－Server、POP3－Server、NT－Server 弱口令用户、NT 服务器 NETBIOS 信息等。扫描结果保存在/log/目录中,index_*.htm 为扫描结果索引文件。

这是常用的一款扫描工具,软件系统要求为:Windows9x/NT4/2000/XP/2003,NDIS3.0＋驱动的网络接口卡。该软件采用多线程方式对指定 IP 地址段((或单机)进行安全漏洞检测,支持插件功能,提供了图形界面和命令行两种操作方式等。

扫描内容主要包括:远程操作系统类型及版本,标准端口状态,SNMP 信息、CGI 漏洞、IIS 漏洞、RPC 漏洞、SSL 漏洞,SQL－Server、FTP－Server、SMTP－Server、POP3－Server;NT－Server 弱口令用户,NT 服务器 NETBIOS 信息,注册表信息等。

【实现过程】

1. X－Scan 的安装与使用

第一步,下载 X－Scan 扫描工具,双击运行"xscan_gui.exe",如图 3－4－1 所示。

运行 X－Scan 之后随即加载漏洞检测脚本,如图 3－4－2 所示。

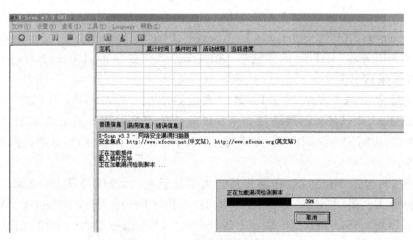

图 3-4-1 X-Scan 扫描工具放置位置

图 3-4-2 加载漏洞检测脚本

接下来需要设置扫描参数,如图 3-4-3 所示。

图 3-4-3 设置扫描参数

　　扫描参数界面需要指定 IP 范围。这里可以是一个 IP 地址,可以是 IP 地址范围,也可以是一个 URL 网址,如图 3-4-4 所示。

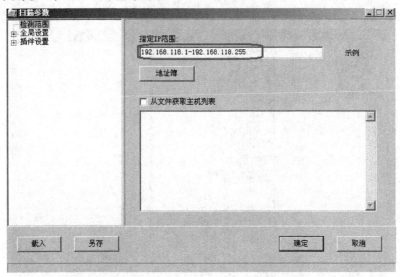

图 3-4-4　指定 IP 地址范围

　　点击"全局设置"前面的"+"号,展开后会有 4 个模块,分别是"扫描模块"、"并发扫描"、"扫描报告"、"其他设置",如图 3-4-5 所示。

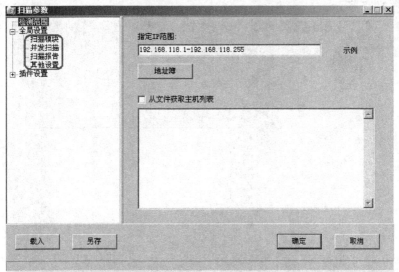

图 3-4-5　全局设置

　　点击"扫描模块",在右边会显示相应的参数选项,如果仅扫描少数几台计算机则可以全选,但如果扫描的主机比较多就要有目标地进行选择,只扫描主机开放的特定服务,这样可以提高效率,如图3-4-6所示。

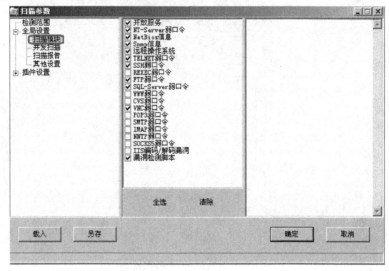

图3-4-6　扫描模块

　　选择"并发扫描",可以设置要扫描的最大并发主机数量和最大并发线程数量,如图3-4-7所示。

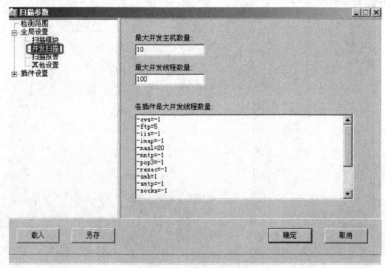

图3-4-7　并发扫描

选择"扫描报告",会生成一个检测 IP 或域名的报告文件,报告文件的类型可以有 3 种选择,分别是 HTML、TXT、XML,如图 3-4-8 所示。

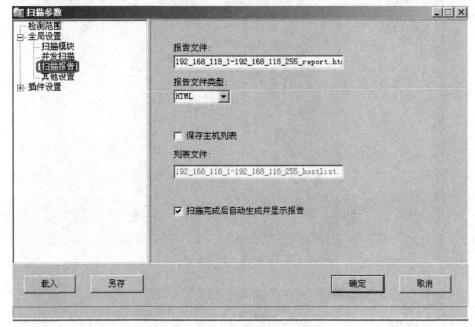

图 3-4-8　扫描报告输出

选择"其他设置",有 2 种条件扫描:"跳过没有响应的主机"和"无条件扫描"。当选择了"跳过没有响应的主机",如果对方禁止了 ping 或因有防火墙设置而导致没有响应,那么 X-Scan 会自动跳过,检测下一台主机。而当选择了"无条件扫描",X-Scan 会对目标进行详细检测,这样结果会比较详细也会更加准确,但扫描时间会更长。有时候会发现扫描的结果只有自己的主机,这时可以选择"无条件扫描",就能看到其他主机的信息了。"跳过没有检测到开放端口的主机"和"使用 NMAP 判断远程操作系统"这两项一般需要勾选,"显示详细进度"项可以根据自己的实际情况选择。本操作如图 3-4-9 所示。

点击"插件设置"前面的"十"号,展开后会有 6 个模块,分别是"端口相关设置"、"SNMP 相关设置"、"NETBIOS 相关设置"、"CGI 相关设置"、"字典文件设置",如图 3-4-10 所示。

在"端口相关设置"中可以自定义一些需要检测的端口。检测方式有"TCP"、"SYN"两种,TCP 方式容易被对方发现,准确性要高一些,SYN 则相反。本操作如图 3-4-10 所示。

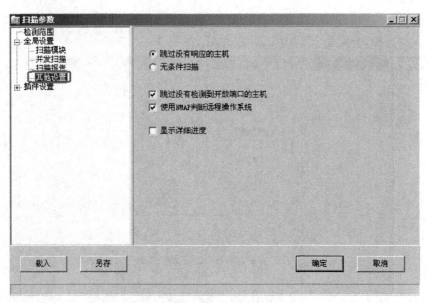

图 3 - 4 - 9　其他设置

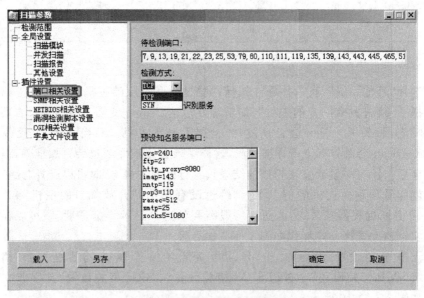

图 3 - 4 - 10　端口相关设置

　　"SNMP 相关设置"用来针对 SNMP 信息的一些检测进行设置,在监测主机数量不多的时候可以全选。本操作如图 3 - 4 - 11 所示。

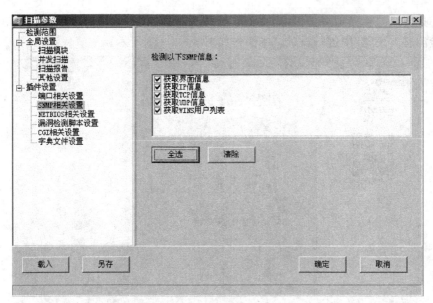

图 3 - 4 - 11　SNMP 相关设置

"NETBIOS 相关设置"是针对 Windows 系统的 NETBIOS 信息的检测设置，包括的项目有很多种，可根据实际需要进行选择。本操作如图 3 - 4 - 12 所示。

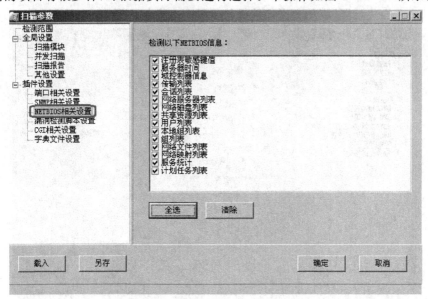

图 3 - 4 - 12　NETBIOS 相关设置

如需同时检测很多主机,要根据实际情况选择特定的漏洞检测脚本,可在"漏洞检测脚本设置"中进行设置。本操作如图 3-4-13 所示。

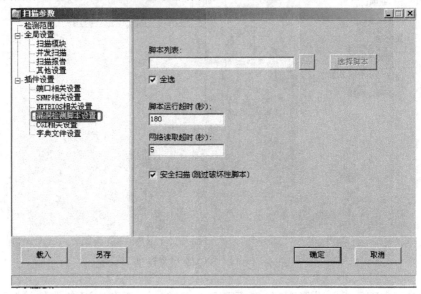

图 3-4-13　漏洞检测脚本设置

"CGI 相关设置"默认中保持选择就可以。本操作如图 3-4-14 所示。

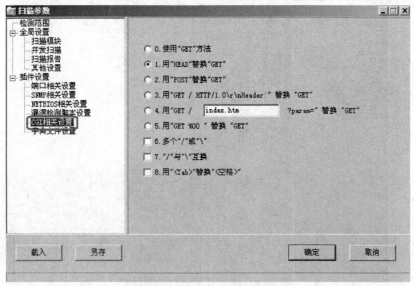

图 3-4-14　CGI 相关设置

"字典文件设置"是 X - Scan 自带的一些用于破解远程帐号所用的字典文件，这些字典都是简单或系统默认的帐号等。可以选择自己的字典或手工对默认字典进行修改。默认字典存放在"DAT"文件夹中。字典文件越大，探测时间越长，此处无需设置。本操作如图 3 - 4 - 15 所示。

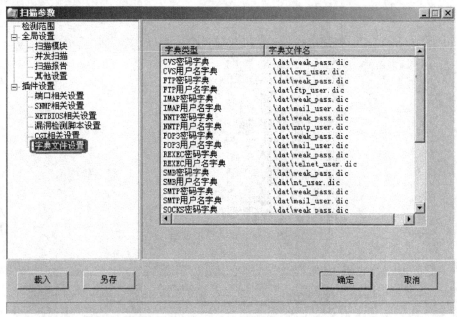

图 3 - 4 - 15　字典文件设置

在"全局设置"和"插件设置"2 个模块设置好以后，点击"确定"保存设置，然后点击"开始扫描"就可以了，如图 3 - 4 - 16 所示。X - Scan 会对对方主机进行详细的检测。扫描过程中出现的错误会在"错误信息"中列出。扫描过程如图 3 - 4 - 17 所示。

图 3 - 4 - 16　开始扫描按钮

扫描结束后会自动弹出检测报告，包括漏洞的风险级别和详细的信息，以便对对方主机进行详细的分析，如图 3 - 4 - 18 所示。

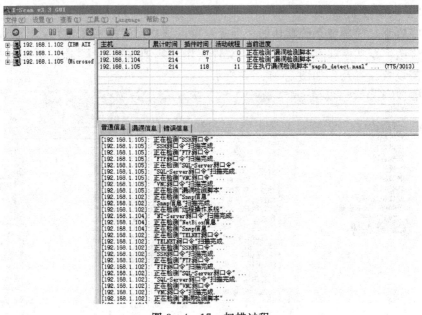

图 3 - 4 - 17　扫描过程

如果在扫描过程中发现安全漏洞,则可以进行相应加固。

比如 TCP 扫描时的警告 login (513/tcp):

远程主机正在运行"rlogin"服务,这是一个允许用户登录至该主机并获得一个交互 shell 的远程登录守护进程。

事实上该服务是很危险的,因为数据并未经过加密,也就是说,任何人可以嗅探到客户机与服务器间的数据,包括登录名和密码以及远程主机执行的命令。应当停止该服务而改用 openssh。

解决方案:在/etc/inetd. conf 中注释掉"login"一行并重新启动 inetd 进程。

风险等级:低。

又比如 SYN 扫描时的警告 www (80/tcp):

Webserver 支持 TRACE 和/或 TRACK 方式。TRACE 和 TRACK 是用来调试 Web 服务器连接的 HTTP 方式。支持该方式的服务器存在跨站脚本漏洞,通常在描述各种浏览器缺陷的时候,把"Cross-Site-Tracing"简称为 XST。攻击者可以利用此漏洞欺骗合法用户并得到他们的私人信息。

解决方案:禁用这些方式。

如果使用的是 Apache,则在各虚拟主机的配置文件里添加如下语句:

```
RewriteEngine on
RewriteCond % {REQUEST_METHOD} ^(TRACE|TRACK)
RewriteRule . * -[F]
```

如果使用的是 Microsoft IIS,则使用 URLScan 工具禁用 HTTP TRACE 请求,或者只开放满足站点需求和策略的方式。

如果使用的是 Sun ONE Web Server releases6. 0SP2 或者更高的版本,则在obj. conf 文件的默认 object section 里添加下面的语句:

```
"Client method = "TRACE""
AuthTrans fn = "set-variable"
remove-headers = "transfer-encoding"
set-headers = "content-length:-1"
error = "501"
"/Client"
```

任务5　TCP／IP 协议安全实验

【任务描述】

"网络就是计算机",这是 sun 公司提出的口号,由此可见网络在计算机领域的重要地位。随着网络技术不断成熟和进步,网络带宽的不断提高,网络应用正在普及,它正在改变人们的学习、工作和生活方式。

在计算机网络系统中,由网络体系结构、支持数据链路层和物理层等网络协议构成了网络硬件的支撑环境,在此基础上还要有高层传输协议来提供更高级、更完善的服务,才能构成完整的网络支持环境,为网络应用提供充分的支持。常用的高层传输协议主要有 TCP/IP、SPX/IPX、AppleTalk 等,其中,TCP/IP 协议是当今技术最成熟、应用最为广泛的网络协议,并拥有完整的体系结构和协议标准。因此,计算机网络的基础是网络通信协议. 保证通信协议的安全对计算机网络的安全有重要的意义。

通过本任务的实际操作与训练,要求学生掌握以下知识和技能:

(1)了解 TCP/IP 协议的使用方法。

(2)理解 TCP/IP 协议存在的安全漏洞。

(3)掌握网络共享的安全使用方法。

【相关知识】

TCP/IP(Transmission Control Protocol/Internet Protocol,传输控制协议/互联网协议)是用于计算机通信的一组协议,通常称它为 TCP/IP 协议族。它是 20 世纪 70 年代中期美国国防部为其 ARPANET 广域网开发的网络体系结构和协议标准,以它为基础组建的 Internet 是目前国际上规模最大的计算机网络。之所以说 TCP/IP 是一个协议族,是因为 TCP/IP 协议包括 TCP(Transmission Control Protocol)、IP(Internet Protocol)、UDP(User Datagram Protocol)、ICMP(Internet Control Message Protocol)、Telnet、FTP(File Transfer Protocol)、SMTP(Simple Mail TransferProtocol)、ARP(Address Resolation Protocol)等许多协议,这些协议一起称为 TCP/IP 协议。

1983 年,ARPANET 完成了向 TCP/IP 协议全部转换的工作,同年,美国加州大学伯克利分校推出了内含 TCP/IP 协议的第一个 BSD UNIX 操作系统,大大地推动了 TCP/IP 的发展和应用。现在,TCP/IP 协议已广泛应用于各种网络中,不论是局域网还是广域网都可以用 TCP/IP 来构造网络环境。除了 UNIX 操作系统外，Windows NT、NetWare 等一些著名的网络操作系统都将 TCP/IP 协议纳入其体系结构中，以 TCP/IP 为核心协议的 Internet 更加促进了 TCP/IP 协议的发展和应用。因此，TCP/IP 协议已经成了事实上的国际标准，是当今技术最成熟、应用最为广泛的网络协议。

1. TCP/IP 协议的四层模型

TCP/IP 协议由 TCP 协议和 IP 协议组成，它们是用在 Internet 上的两个网络协议，或称为数据传输方法，分别是传输控制协议和互联网协议。这两个协议属于众多 TCP/IP 协议族中的一部分。

TCP/IP 协议族中的协议保证 Internet 上各种类型的数据在计算机之间的传输，提供了几乎现在上网所用到的所有服务，这些服务包括电子邮件的传输、文件传输、BBS、新闻组的发布以及访问 WWW 等。

从协议分层模型方面来看，TCP/IP 由四个层次组成：网络接口层、网间网层、传输层和应用层，如图 3-5-1 所示。

HTTP SMTP DNS FTP		SNMP RPC	应用层协议
TCP		UDP	传输层协议
IP ARP ICMP IGMP			网间网层协议
Ethernet	Token Ring	其它 LAN	网络接口层

图 3-5-1 TCP/IP 协议的四层模型

1）网络接口层

网络接口层是 TCP/IP 协议的最低层，负责接收 IP 数据报并通过网络发送之，或者从网络上接收物理帧，抽出 IP 数据报，交给 IP 层。

2）网间网层

网间网层负责相邻计算机之间的通信。其功能包括以下三方面：

（1）处理来自传输层的分组发送请求。收到请求后，将分组装入 IP 数据报，填充报头，选择去往信宿机的路径，然后将数据报发往适当的网络接口。

（2）处理输入数据报。首先检查其合法性，然后进行寻径，假如该数据报已到达信宿机，则去掉报头，将剩下部分交给适当的传输协议；假如该数据报尚未到达信宿机，则转发该数据报。

（3）处理路径、流控、拥塞等问题。

3)传输层

传输层是提供应用程序间的通信。其功能包括：

(1)格式化信息流。

(2)提供可靠传输。为实现此目的,传输层协议规定接收端必须发回确认,并且假如分组丢失,必须重新发送。

4)应用层

应用层是向用户提供一组常用的应用程序,比如电子邮件、文件传输访问、远程登录等。远程登录 Telnet 使用 Telnet 协议提供在网络其他主机上注册的接口。Telnet 会话提供了基于字符的虚拟终端。文件传输访问 FTP 使用 FTP 协议来提供网络内机器间的文件拷贝功能。

根据网络信号的应用分类,可以把前三种协议统称为网络层协议。应用层协议是专门为用户提供应用服务的,它是建立在网络层协议之上的。

2. TCP/IP 协议的工作原理

TCP/IP 通过协议栈工作,这个栈是所有用来在两台计算机间完成一个传输的所有协议的几个集合。这也就是一个通路,数据通过它从一台计算机到另一台计算机。数据在通过了如图 3-5-1 所示的各个层后,它就从网络的一台计算机传到了另一台计算机,在这个过程中,一个复杂的查错系统会在起始计算机和目的计算机中执行。栈的每一层都能从相邻的层中接收或发送数据,每一层都与许多协议相联系。在栈的每一层,这些协议都在起作用。

【实现过程】

如果一台计算机(主机)要连接到 Intranet 或 Internet 上,则必须配置网卡(局域网接入方式)或 Modem(拨号上网方式)等设备,在 Windows 系列操作系统中的网络属性中必须添加 Microsoft 的 TCP/IP 协议。Windows 系列操作系统和 TCP/IP 协议存在许多安全漏洞,入侵者可以利用这些漏洞对网络上的主机发起攻击,造成降低主机的速度、掉线或死机。严重的可以浏览主机的内容,获取机密文件,修改或删除文件,或在主机上放置木马程序,随时监视主机的活动和控制主机。入侵者能轻易进入主机,主要是大多数主机在 Windows 系列操作系统中绑定在 Internet 协议 TCP/IP 上的"Microsoft 网络客户端"和"Microsoft 网络的文件和打印机共享"造成的(系统默认配置是这样的),因此取消绑定在 TCP/IP 上的"Microsoft 网络客户"和"Microsoft 网络上的文件和打印共享",会大大提高系统的安全性。

本实验内容是修改网络属性,主要针对绑定在 Internet 协议 TCP/IP 上的

"Microsoft 网络客户"和"Microsoft 网络上的文件和打印共享"。建议在对网络属性进行修改之前,应该先进行注册表备份或记录原来的设置,以防万一。本实验以 Windows XP 为例。具体实现过程如下:

(1)打开网络属性,可以在"控制面板"中选择"网络连接"并打开,也可以在桌面上用右键单击"网上邻居"并选择弹出快捷菜单上的"属性"命令,如图 3-5-2 所示。

图 3-5-2 网络连接

(2)如果主机是通过局域网连接 Internet 的,则右键单击"本地连接",在弹出的下拉菜单中选择"属性",打开属性窗口,如图 3-5-3 所示。

(3)在"此连接使用下列项目"中,确认没有选择"Microsoft 网络客户端"和"Microsoft 网络的文件和打印机共享"。如果有则删除之,单击"确定"按钮关闭此设置窗口。

(4)要在局域网上共享文件和打印机,可以使用 IPX/SPX 或 NetBEUI 协议。如果网络属性的对话框中没有,可以添加进去,方法是在图 3-5-3 所示窗口中,选择"Internet 协议(TCP/IP)",单击"安装"按钮,打开"选择网络组件类型"对话框,如图 3-5-4 所示。

图 3-5-3　本地连接 属性

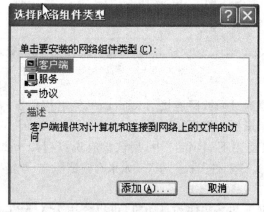

图 3-5-4　选择网络组件类型

　　(5)在弹出的窗口中选中"协议",单击"添加"按钮。在"厂商"列表中选择"Microsoft",在"网络协议"列表中选择"NWLink IPX/SPX/NetBIOS Compatible

Transport Protocol"。添加协议后,点击"确定",即可实现局域网上的文件共享和远程打印,如图 3-5-5 所示。

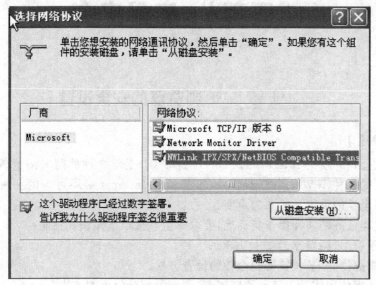

图 3-5-5 选择网络协议

(6)如果需要将硬盘设为共享,最好是采用隐藏共享名方式,其方法是在共享名后面加上"$"符号。

第四部分 应用安全

任务1 IE 浏览器的安全设置

【任务描述】

微软公司开发的 Internet Explorer(简称 IE)是综合性的网上浏览软件,是使用最广泛的一种 WWW 浏览器软件,也是访问 Internet 必不可少的一种工具,因此对其安全性的设置显的尤为重要。

通过本任务的实际操作与训练,要求学生掌握以下知识和技能:

(1)了解 IE 浏览器的基本功能。

(2)掌握提高 IE 浏览器安全性的设置方法。

(3)掌握使用注册表编辑器恢复 IE 浏览器部分设置的方法。

【相关知识】

Internet Explorer 是一个开放式的 Internet 集成软件,由多个具有不同网络功能的软件组成。Internet Explorer 浏览器集成在 Windows 98 以上的操作系统中,使 Internet 成为与桌面不可分的一部分。这种集成性与最新的 Web 智能化搜索工具的结合,使用户可以得到与喜爱的主题有关的信息。Internet Explorer 还配置了一些特有的应用程序,具有浏览、发信以及下载软件等多种网络功能。

Internet Explorer 6.0 具有如下主要技术特点。

1. 技术性

Internet Explorer Web 浏览器尽显 Internet 的全部潜能。

2. 私密性

Internet Explorer 6.0 包括许多崭新和增强的功能,既可以帮助维护个人信息的隐秘性,又可以简化在 Web 上执行的日常工作。

3. 灵活性

Internet Explorer 已采取多种措施提高 Web 浏览器的可靠性。利用创新性的浏览器功能(包括媒体栏、自动图片调整等),用户可以完全按照自己希望的方式去体验 Web。

4. 可靠性

Internet Explorer 6.0 继承和发扬了 Internet Explorer 的良好可靠性,从而提供更稳定和无差错的浏览体验。新的错误收集服务帮助确定将来需要在 Windows Internet 技术更新中修复的潜在问题。

【实现过程】

1. IE 浏览器的病毒防范

有很多针对 IE 浏览器的病毒都是通过在网页中使用恶意脚本程序来运行的,只需要禁止在浏览器中执行这些脚本就可以达到防范于未然的目的。

(1)在 IE 浏览器中选择"工具"→"Internet 选项"即可以打开"Internet 选项"对话框,如图 4-1-1 所示。单击"安全"选项卡,如图 4-1-2 所示。

(2)在"安全"选项卡中单击"自定义级别"按钮,进入"安全设置"对话框,如图 4-1-3 所示。

(3)将"脚本"选项中的"Java 小程序脚本"和"活动脚本"都设置成"禁用",这样上网浏览时就不用担心脚本类病毒,不过,正常网页中所有通过脚本实现的网页特殊效果也同时被禁用了。

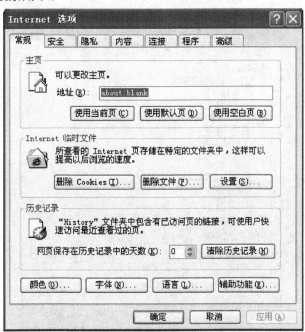

图 4-1-1 "Internet 选项"对话框

图 4-1-2 "安全"选项卡

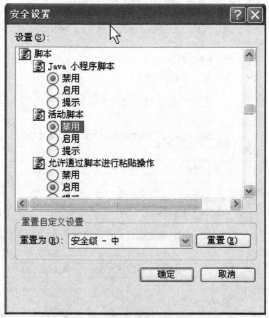

图 4-1-3 "安全设置"对话框

2. IE 窗口炸弹的防范

在一些恶意的网页中埋伏了 IE 窗口炸弹,当用 IE 浏览这些网页时,会不断地弹出新的窗口,或者打开非常耗费资源的窗口,最后造成系统资源耗尽,导致系统不稳定而死机。IE 窗口炸弹的主要表现形式有:死循环、发文件以及耗尽 CPU 资源等。有效避开 IE 窗口炸弹的可能性不大,因为对于用户来讲,这种类型的网页需要经过浏览才会发现。

事实上,IE 窗口炸弹因为只是耗尽系统资源,没有很强的破坏性,仅仅起到一个恶作剧的作用。所以碰到了 IE 窗口炸弹不用太惊慌,此时,需要注意的是:不要试图逐个关闭 IE 窗口炸弹打开的窗口,因为关闭窗口的速度肯定比不上打开窗口的速度。也不要重启计算机,以免造成文件的丢失。

对付 IE 窗口炸弹最有效的方法是按"Ctrl + Alt + Del"组合键关闭引起 IE 炸弹的网页。

(1)按"Ctrl + Alt + Del"组合键,在弹出的对话框中,单击"任务管理器"按钮,打开"Windows 任务管理器"窗口,如图 4 - 1 - 4 所示。

图 4 - 1 - 4 Windows 任务管理器

(2)在"应用程序"选项卡中选中制造 IE 炸弹的网页,单击"结束任务"按钮。此任务不一定可以立即结束,系统会弹出任务无法结束的对话框。在该对话框中单击"立即结束"按钮,强行关闭制造 IE 窗口炸弹的网页。

3. 限制 ActiveX 控件的使用

对于网页中的 ActiveX 控件也要格外注意。ActiveX 控件是在 Internet 上传播病毒和进行攻击的重要手段,所以应限制 ActiveX 控件的使用,方法如下。

(1)选择"工具"→"Internet 选项",打开"Internet 选项"对话框。在其中单击"安全"选项卡,并单击"自定义级别"按钮,打开"安全设置"对话框,向下滚动找到"ActiveX 控件和插件",如图 4-1-5 所示。

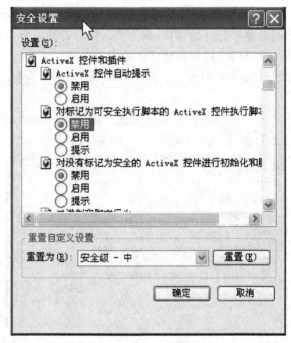

图 4-1-5 ActiveX 控件和插件

(2)在对话框中,尽量调高 ActiveX 控件的安全级别,一般将标记为可安全执行脚本的 ActiveX 控件设置为启动。对于没有标记为安全的 ActiveX 控件和未签名的 ActiveX 控件的下载,一般情况下要禁用。

4. MIME 的安全设置

MIME(Multipurpose Internet Mail Extensions),一般译作"多用途的网际邮件扩充协议",它可以传送多媒体文件,在一封电子邮件中附加各种格式文件一起送出。现在它已经演化成一种指定文件类型的通用方法。MIME 头漏洞是由国外的一个安全小组发现的,该小组发现 MIME 在处理不正常的 MIME 类型时存在问题,攻击者可以创建一个 HTML 格式的 E-mail,该 E-mail 的附件为可执行文件,通过修改 MIME 头,使得 IE 执行这个 MIME 所指定的可执行文件。

根据附件类型的不同,IE 处理附件的方式也不同:

(1)若附件是文本文件,IE 会读取这个文件。

(2)若附件是声音或者图像文件,IE 会直接播放这个文件。

(3)若附件是图形文件,IE 会显示这个文件。

(4)若附件是一个 EXE 文件,IE 会提示用户是否执行。

MIME 头漏洞就是利用了上述的 IE 处理附件的方式。如果邮件的附件是一个 EXE 可执行文件,攻击者可以更改 MIME 类型,把 MIME 类型改成 IE 直接播放的声音或者图像文件,那么 IE 就不会提醒用户,而是直接运行附件中的 EXE 文件,从而使攻击者加在附件中的程序、攻击命令能直接运行。

对于使用 MIME 漏洞执行恶意可执行文件的攻击方法,防范措施如下。

再如图 4-1-3 所示的"安全设置"对话框中设置"文件下载"为禁用,如图 4-1-6所示。

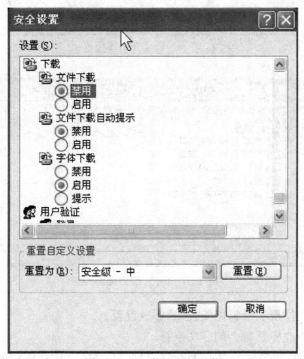

图 4-1-6 禁用文件下载

此时若在 IE 中打开具有攻击性的文件,将提示:当前安全设置禁止文件下载。这种解决方案虽然为使用带来麻烦,使得用户无法下载网页中的文件(致使 IE 快捷菜单中的"文件另存为"命令失效),但却暂时杜绝了利用 MIME 漏洞的恶意攻击。

5. 注册表的备份与恢复

很多针对 IE 浏览器的攻击都涉及到修改注册表,所以为了保护 IE 浏览器的正常运行,用户首先应当掌握注册表的备份与恢复。

单击"开始"→"运行",在文本框中输入"regedit",如图 4-1-7 所示,然后单击"确定"按钮即可打开注册表编辑器,如图 4-1-8 所示。

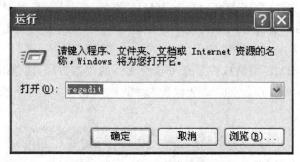

图 4-1-7　打开注册表编辑器

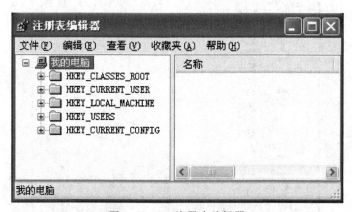

图 4-1-8　注册表编辑器

用户可使用注册表编辑器恢复 IE 部分设置。

1)删除或修改标题行上的非法字符

打开注册表编辑器逐层展开 HKEY_LOCAL_MACHINE\software\Microsoft\

Interne Explorer main,在其右边找到项目"Windows Title",选择"编辑",将其删除或修改为需要的标题显示字符串。如果还不行,则逐层展开 HKEY_USER. DEFAULT\software\Microsoft Internet Explorer main 在其右边找到项目"Windows Title",选择"编辑",将其删除或修改为需要的标题显示字符串。

2)系统启动弹出框的设置

打开注册表编辑器,逐层展开 HKEY_LOCAL_MACHINE\software\Microsoft\Windows\Currentversion\winlogon,找到"legalNoticeCaption"、"legalNoticeText",将其删除。

3)删除右键菜单非法项

打开注册表编辑器,逐层展开 HKEY_USER. DEFAULT\software\Microsoft\InternetExplorer\MenuExt,找到非法子键,将其删除。

4)删除地址栏中的个别地址

打开注册表编辑器,逐层展开 HKEY_CURRENT_USER\software\Microsoft\Internet Explorer\TypedUrls,在右边框中找到不需要的地址项,将其删除。

5)更改 Internet 选项中的默认主页

打开注册表编辑器,HKEY_CURRENT_USER\Software\Policies\Microsoft\Internet Explorer\Control Panel,将键值 homepage 的值改为需要设置的页面,若要设置为空白页面,则可改为"about:blank"。

任务2 Outlook 的安全设置与使用

【任务描述】

Outlook Express 是 Windows 平台捆绑的一个十分流行的免费的电子邮件 E-mail 客户端工具,它易于安装,操作方便,受到很多用户的喜爱,然而,Outlook Express 也是目前和未来的众多黑客和病毒的重要攻击目标。

通过本任务的实际操作与训练,要求学生掌握以下知识和技能:

(1)利用 Outlook Express 收发电子邮件。

(2)利用 Outlook Express 漏洞进行电子邮件欺骗及防范。

(3)利用 Outlook Express 防范邮件炸弹。

【相关知识】

在通常的情况下,一封电子邮件的发送需要经过用户代理、传输代理和投递代理 3 个程序的参与。

用户代理接受用户输入的各种指令,将用户的邮件传送至信件传输代理或者通过 POP、MAP 将信件从传输代理服务器处取到本机上。常见的用户代理有"Foxmail","Outlook Express"等邮件客户程序。

当用户发送电子邮件时,他并不能直接将信件发送到对方邮件地址指定的服务器上,而是首先必须试图去寻找一个信件传输代理,把邮件提交给它。信件传输代理得到了邮件后,首先将它保存在自身的缓冲队列中,然后根据邮件的目标地址,信件传输代理程序查询到应对这个目标地址负责的邮件传输代理服务器,并且通过网络将邮件传送给它。对方的服务器接收到邮件之后,将其缓冲存储在本地,直到电子邮件的接收者察看自己的电子信箱。显然,邮件传输是从服务器到服务器,而且每个用户必须拥有服务器上存储信息的空间(称为信箱)才能接收邮件(发送邮件不受这个限制)。

可以看到,邮件传输代理的主要工作是监视用户代理的请求,根据电子邮件的目标地址找出对应的邮件服务器,将信件在服务器之间传输并且将接收到的邮件缓冲或者提交给最终投递程序。有许多程序都可以作为信件传输代理,包括 qmail、sendmail 或 postfix 等。

而投递代理则从信件传输代理取得信件传送至最终用户的邮箱。显然,最终用户只能看到用户投递代理。常见的投递代理有 procmail 等。

无论什么产品,它们必须支持同样的规范,如传输信件的报文格式,监听的端口等。一般来说,系统管理员并不需要了解信件传输的命令标准,用户代理会生成正确的命令。但是,了解一些相关信息是重要的。

信件传输代理默认监听 25 号端口接收请求,当接收用户的请求时,它不需要了解用户的真实身份,或者说不需要身份验证。因此用户不需要提交用户口令就可以发出电子邮件,这意味着任何用户都可以冒充成另外一个用户发出假的电子邮件,这是电子邮件原始设计导致的一个特点,无法消除。

当邮件服务器程序得到一封待发送的邮件时,它首先需要根据目标地址确定将信件投递给哪一个服务器,这可通过 DNS 服务实现。例如,有一封邮件的目标地址是 someone @ sohu. com,那么 sendmail 首先确定这个地址是用户名(someone)+机器名(sohu. com)的格式,然后通过查询 DNS 来确定需要把信件投递给某个服务器。在 DNS 数据中,与电子邮件相关的是 MX 记录。

为了保证电子邮件系统的正常运行,TCP/IP 定义了一组协议,SMTP(简单邮件传输协议)、POP3(邮局协议)和 IMAP(Internet 消息通道协议)是几个主要的协议。SMTP 和 POP3 服务器是服务器软件,它们运行在邮件服务器上。SMTP 服务器负责接收待发送的邮件，并将其发送至目标邮件服务器的 SMTP 服务器，由该 SMTP 服务器写入用户邮箱。实际上，由于 SMTP 服务器具有中转（Relay）功能，它并不能区分邮件是来自用户机（如普通 PC）还是其他 SMTP 服务器。如果用户想在普通客户机（没有 SMTP 服务器的普通主机）上接收邮件，则需要通过 POP3 协议或 IMAP 协议从邮件服务器上获取。不同的是，POP3 服务器要求用户将邮件取回本地的普通客户机进行维护，而 IMAP 则可以在服务器上直接维护，例如，建立不同的邮件夹等。到目前为止，POP3 的使用比 IMAP 要广泛得多。下面主要介绍 SMTP 协议和 POP3 协议。

SMTP（Simple Mail Transfer Protocol，RFC821）是一个用 7-bit 基本 ASCII 字符传送简单信文的邮件协议。它是一个独立的用户级协议，要求一个可靠的数据通道。在 TCP/IP 协议中，这个通道是 8-bit 的 TCP 数据流，因此 SMTP 的 7-bit 节一律按照最高位为零的 8-bit 字节进行传输。如果要传送 8-bit 数据，则需要用特殊的调制算法（例如，MIME）将其转为 7-bit 数据，在接收端再用相反的算法将其复原。

SMTP 的一个重要特点是"中转"（Relay）。一般，用户可以选择任意一台 SMTP 服务器（如，A）来发送邮件（只要能与该服务器建立传输层连接），若该服务器与目标 SMTP 服务器 B 可以建立直接连接，则邮件将被直接送至目标服务器 B。若不能建立直接连接，该 SMTP 服务器将向其他所知的 SMTP 服务器询问路由。假如有一台 SMTP 服务器 C 可以与目标建立直接连接，或知道通向目标的路由，则邮件被转至服务器 C，由服务器 C 向目标 B 转发。不管是从客户机到服务器的发送还是服务器间的中转，SMTP 使用同一套指令来进行连接和数据的接收发送，从而使得整个过程清晰简捷。

POP3（Post Office Protocol version3，RFC1939）定义了客户机从邮件服务器上获取邮件的一个简单的方法，它通过一组简单指令和应答实现与用户的交互操作。例如，用户通过 user 指令和 pass 指令实现身份认证，认证成功后可以通过 retr 指令收取邮件等。

【实现过程】

1. 利用 Outlook Express 收发电子邮件

在 Windows XP 的桌面或 Windows XP 的任务栏上可找到 Outlook Express（简称 OE）的图标。还可以选择"开始"→"程序"→"Outlook Express"来启动 OE，在使用 OE 发送和接收电子邮件之前，需要先设置好收发邮件的相关信息。OE 的工作界面如图 4-2-1 所示。

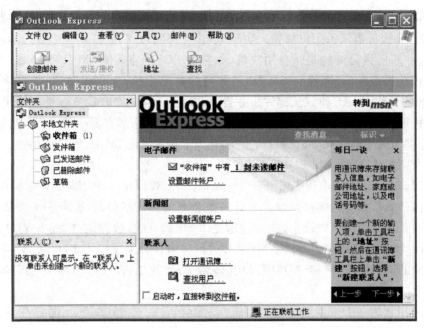

图 4-2-1 OE 的工作界面

选择"工具"→"帐号",在打开的界面中选择"邮件"标签,如图 4-2-2 所示。

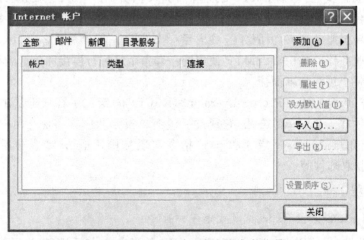

图 4-2-2 在 OE 中添加新的邮件帐号

单击"添加"按钮,在其下拉菜单中选择"邮件",即可打开图 4-2-3 所示的"连接向导"对话框。在第一次使用 OE 时,系统会自动出现"连接向导"。"显示姓名"复选框是给收信人看的,在这里可以填写真实的姓名,也可以另取一个自己喜欢的名字,填好后,单击"下一步"按钮。

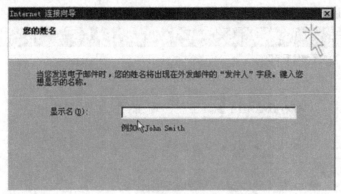

图 4-2-3 "连接向导"对话框

在图 4-2-4 所示的界面中需填入"电子邮件地址",这里就填上正在使用的电子邮件地址。如果用户想使用网上提供的免费 E-mail(比如 163、QQ 邮箱等)这里就输入申请的免费 E-mail 地址,同时要记下提供的 POP3 和 SMTP 服务器的地址,在下面的设置中将会用到。如果遗忘了服务器地址,可在提供邮箱的网站上查看。完成后单击"下一步"按钮。

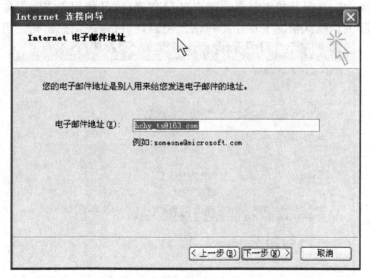

图 4-2-4 填入"电子邮件地址"

在图 4-2-5 所示的界面中,选择接收邮件服务器的类型,一般都是 POP3。然后填入与"电子邮件地址"相匹配的 E-mail。如果是用免费的 E-mail,就输入该帐号相应的服务器地址。完成后单击"下一步"按钮。

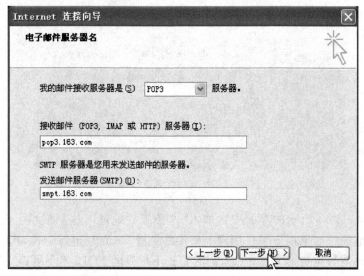

图 4-2-5　填写收发邮件的服务器

在图 4-2-6 所示的界面中,"帐户名"和"密码"是使用 POP3 服务器收取邮件必须提供的。默认情况下是让用户输入密码,然后系统记住密码。用户也可以

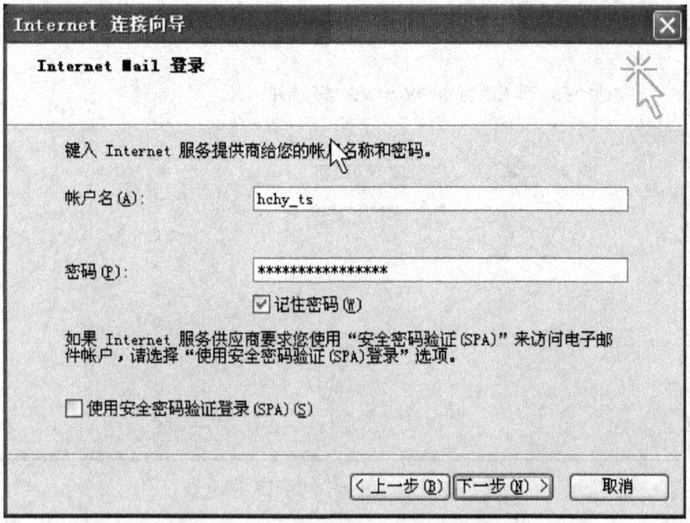

图 4-2-6　Internet mail 登录界面

取消"记住密码"选项,而在每次使用 OE 取信时再输入密码。然后单击"下一步"按钮。

　　最后,OE 会祝贺我们完成了设置,只需单击"完成"按钮,即可开始使用 OE 了,如图 4-2-7 所示。

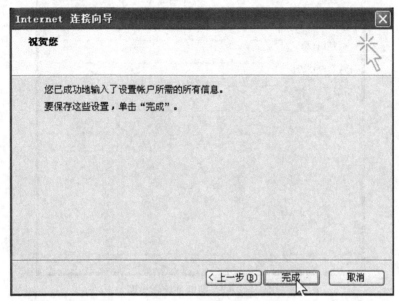

图 4-2-7　设置成功

　　设置成功后,系统会根据刚设定的邮件帐号,下载邮箱中的所有邮件,如图 4-2-8 所示。

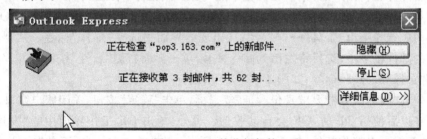

图 4-2-8　接收新邮件

　　设置成功后,在 OE 中选择"新邮件"按钮,即可发送新邮件,如图 4-2-9 所示。

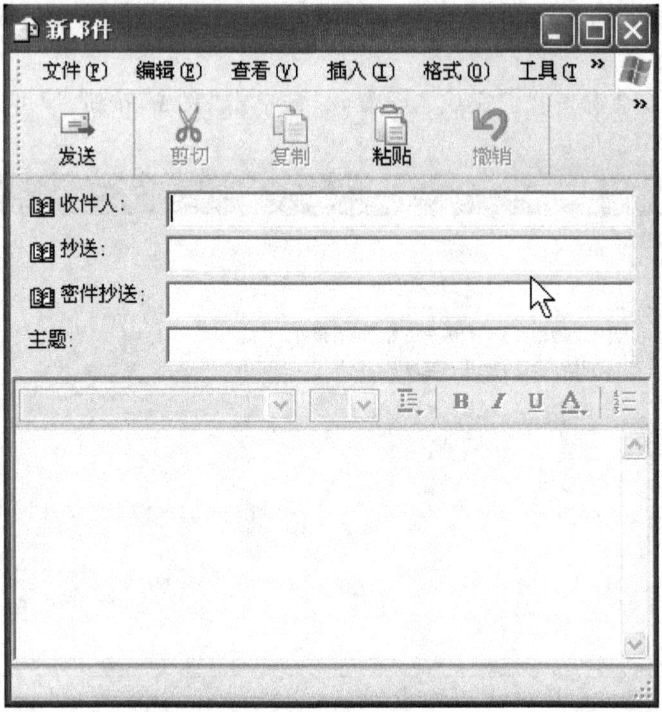

图 4 - 2 - 9　新邮件编辑界面

　　用户可依次填入收件人地址、抄送人地址、密件抄送地址及主题,然后在空白文本框中输入邮件正文。若邮件有附件,则可单击工具栏中的"附加"按钮添加附加。新邮件编辑完成后,单击工具栏中的"发送"按钮即可发送邮件。

　　如果邮件发送不成功,有可能是 SMTP 服务器需要验证身份。可以在 OE 工作界面中选择菜单"工具"→"帐号",从出现的界面中选择"邮件"标签。从列出的所有的邮件帐号中,选择待发信的邮件帐号,单击界面右侧"属性"按钮打开其属性页,并选择"服务器"标签,如图 4 - 2 - 10 所示。

　　勾选"我的服务器要求身份验证"复选框,单击"确定"按钮,关闭帐户窗口。

　　在以后使用 OE 时,OE 会自动收信。另外,单击 OE 工作界面中的"发送/接收"按钮就可以接收邮件,如图 4 - 2 - 11 所示。在"本地文件夹"下的"收件箱"后面的数字(4)表示收到的新邮件数目(4 封),单击"收件箱"即可在右窗格中展开收件箱中的所有邮件。

　　选择某封邮件即可查看邮件内容。查看邮件内容后,单击工具栏中的"回复"按钮,即可以回信。回复邮件的工作界面与新建邮件类似,此处不再赘述。

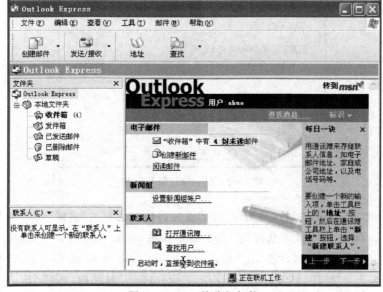

图 4 − 2 − 10 设置邮件服务器的属性

图 4 − 2 − 11 接收新邮件

2．利用 Outlook Express 漏洞进行电子邮件欺骗及防范邮件欺骗

OE 具有回复邮件的功能，这是一般的邮件客户端软件所必须具备的功能。但是，利用 OE 回复邮件功能中的漏洞，可通过欺骗的方法非法地获取其他用户的邮件。下面，先来看一下如何利用 OE 回复邮件功能的漏洞，欺骗得到其他用户的邮件。

在 OE 中成功添加邮件帐号后，可以对邮件帐号的属性进行修改，选择菜单"工具"→"帐号"。从出现的界面中选择"邮件"标签，从列出的所有的邮件帐号中，选择待发信的邮件帐号。

单击界面右侧"属性"按钮，打开其属性页，并选择"常规"标签，打开如图 4 - 2 - 12 所示的属性界面。

图 4 - 2 - 12　邮件帐号属性

为了欺骗获得其他用户的邮件，只需要在属性对话框的"常规"选项卡中稍微作一下改动。例如，想要欺骗获得别的用户发给邮箱 someone@sohu.com 的邮件，可以在用户信息中把原来的"姓名"信息改成 someone@sohu.com，如图 4 - 2 - 13 所示。

单击"确定"按钮，修改完成，关闭"Internet 帐号"对话框，回到 OE 的主窗口，并新建一封邮件，如图 4 - 2 - 14 所示。

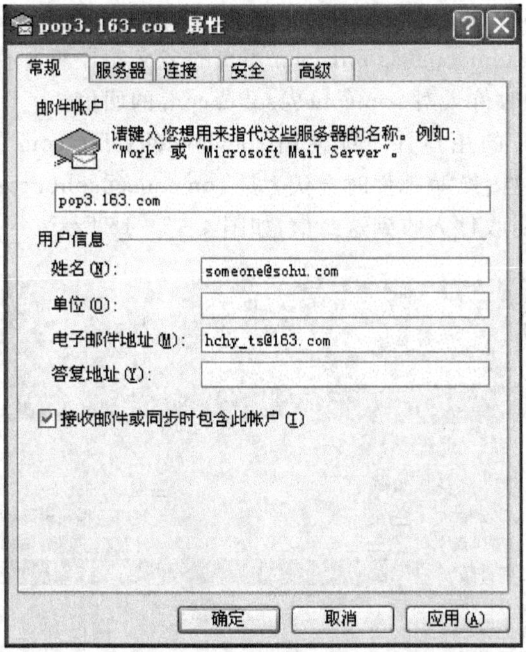

图 4-2-13　获取其他邮件帐号属性

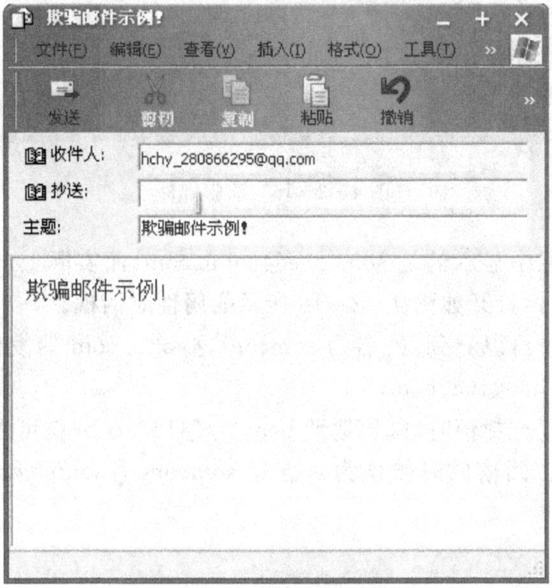

图 4-2-14　新建邮件

在这封欺骗邮件中,someone@sohu.com 和欺骗邮件的收件人应该是认识的,而 OE 的用户是以 someone@sohu.com 用户的名义给欺骗邮件的收件人写信,从而骗取欺骗邮件的收件人对 someone@sohu.com 的回信。

当然,此处 OE 的用户并不能使用 someone@sohu.com 的邮箱给其他人收信,但当别人收到这封欺骗邮件时会认为是 someone@sohu.com 发给他的。

发送欺骗邮件,收件人收到这封信,如图 4-2-15 所示。

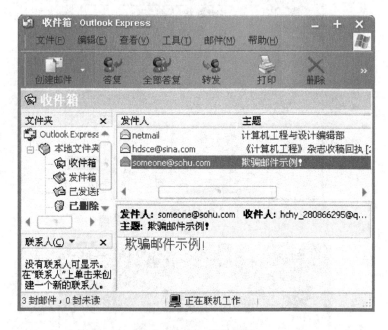

图 4-2-15 欺骗邮件

在"发件人"栏中显示的是 someone@sohu.com,而实际上却并非如此。在发件人邮箱名上双击,打开如图 4-2-16 所示的属性对话框。

在该对话框中可以看到,姓名为 someone@sohu.com 的发件人,实际使用的邮箱地址为 hchy_ts@163.com。

当收件人回复这封信时,邮箱地址 hchy_ts@163.com 就可以收到回复的信息了。并且收件人在回信的时候认为对方是 someone@sohu.com,如图 4-2-17 所示。

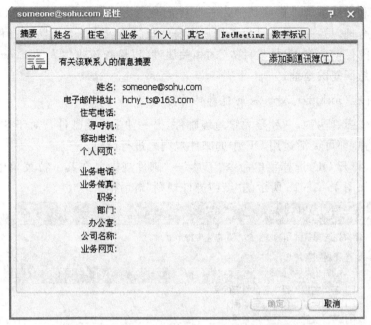

图 4-2-16 "someone@sohu.com 属性"对话框

图 4-2-17 someone@sohu.com 邮件内容

这种利用欺骗邮件窃取其他用户邮件的攻击方法,一方面是因为 OE 的设计不是特别合理,另一方面也是由于用户本身的疏忽造成的。为了防备邮件欺骗,用户在回复邮件前应先查看"发件人"的相关属性,以检查该收件人的 E-mail 地址到底是不是想回复的地址。

3. 利用 Outlook Express 防范邮件炸弹

邮件炸弹有两种,一种是大量垃圾邮件,另一种是巨型邮件。对于这两种类型的邮件炸弹,都可灵活运用 OE 中的邮件规则来进行防范。

首先,打开 OE,选择菜单命令"工具"→"邮件规则",在其下拉菜单中选择"邮件",打开如图 4-2-18 所示的"新建邮件规则"对话框。

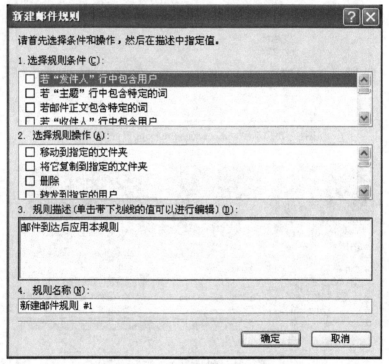

图 4-2-18 "新建邮件规则"对话框

在"新建邮件规则"对话框中,可以选择多种规则条件:
- 若"发件人"行中包含用户
- 若"主题"行中包含特定的词
- 若邮件正文包含特定的词

- 若"收件人"行中包含用户
- 若"抄送"行中包含用户
- 若"收件人"或"抄送"行中包含用户
- 若邮件标记为优先级
- 若邮件来自指定帐户
- 若邮件长度大于指定的大小
- 若邮件带有附件
- 若邮件安全状态
- 针对所有邮件

对于每个规则条件,都有多种操作可供选择:

- 移动到指定的文件夹
- 将它复制到指定的文件夹
- 删除
- 转发给指定的用户
- 用指定的颜色突出显示
- 做标记
- 标记为已读
- 将邮件标记为被跟踪或忽略
- 使用邮件回复
- 停止处理其他规则
- 不要从服务器上下载
- 从服务器上删除

根据观察,用户若发现以往收到的垃圾邮件的主题中包含特定字符,比如"anonymous",则可以选择规则条件为:若"主题"行中包含特定的词。然后在选择规则操作列表中选择"从服务器上删除",如图 4-2-19 所示。

在规则说明列表中,单击带下划线的"包含特定的词",在新打开的"键入特定文字"对话框中输入邮件主题行中所包含的词,单击"添加"按钮,添加主题行中包含的词,如图 4-2-20 所示。

添加文字后,若单击"选项"按钮,即可打开"规则条件选项"对话框,如图 4-2-21所示。

依次单击"确定"按钮,设置完成之后的"新建邮件规则"对话框如图 4-2-22 所示。

单击"确定"按钮,打开"邮件规则"对话框,如图 4-2-23 所示。

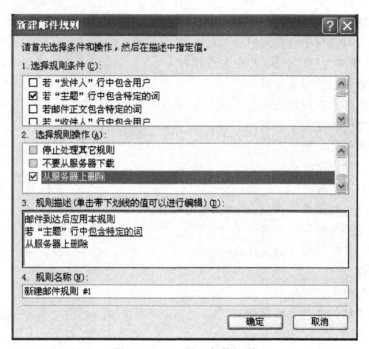

图 4-2-19　设置邮件规则

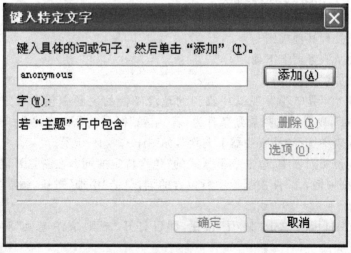

图 4-2-20　"键入特定文字"对话框

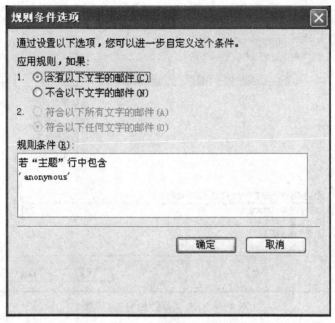

图 4-2-21 "规则条件选项"对话框

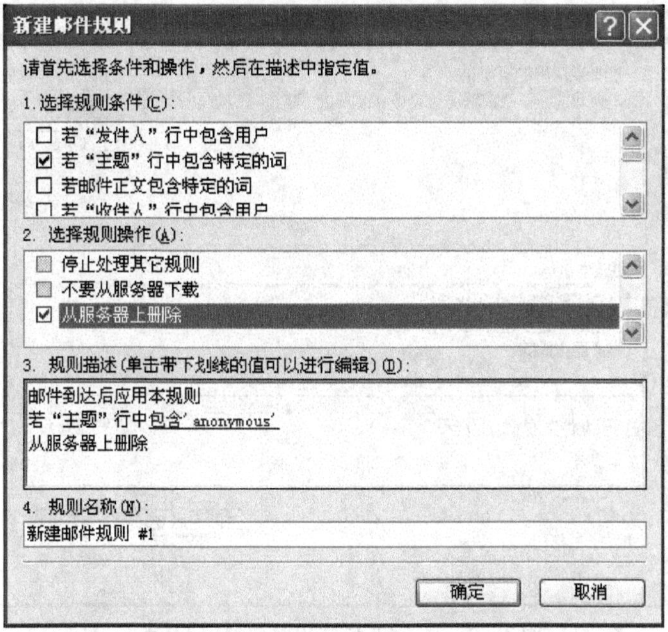

图 4-2-22 设置完成的"新建邮件规则"对话框

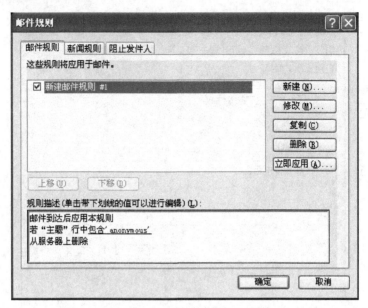

图 4 - 2 - 23 "邮件规则"对话框

单击"立即应用"按钮，打开"开始应用邮件规则"对话框，如图 4 - 2 - 24 所示。

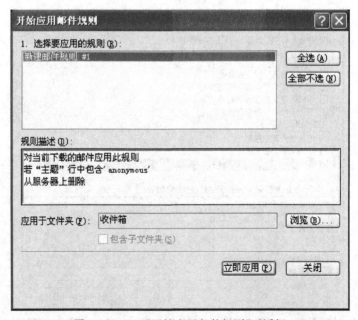

图 4 - 2 - 24 "开始应用邮件规则"对话框

从该对话框中选择要应用的规则,然后单击"浏览"按钮,打开如图 4-2-25 所示的"应用于文件夹"对话框,从中选择应用规则的文件夹。

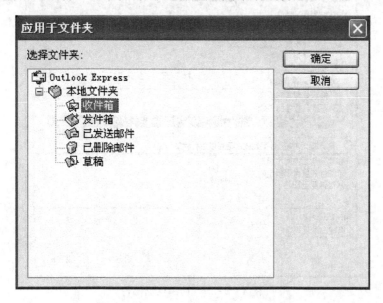

图 4-2-25 "应用于文件夹"对话框

点击"确定"按钮,再点击"立即应用"按钮,OE 会提示规则已经应用,如图 4-2-26所示。

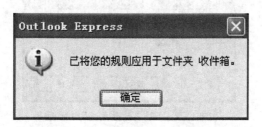

图 4-2-26 提示规则已开始应用

在 OE 中防范巨型邮件的攻击,实际上也是利用邮件规则,在邮件规则中新建一条规则。打开图 4-2-18 所示的"新建邮件规则"对话框,在"选择规则条件"中选择"若邮件长度大于指定的大小",在"选择规则操作"中选中"从服务器上删除",如图 4-2-27 所示。

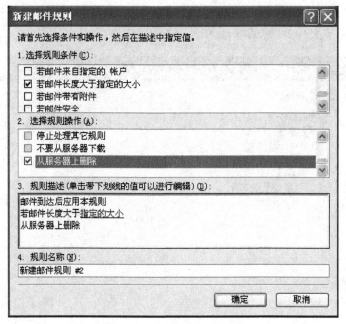

图 4 - 2 - 27 防御巨型邮件

单击带有下划线的"指定的大小",打开"设置大小"对话框,在该对话框中输入邮件的大小,设置大小应该小于邮箱的容量,如图 4 - 2 - 28 所示。

图 4 - 2 - 28 "设置大小"对话框

最后将规则应用到收件箱,即可有效地防范巨型邮件了。

任务 3 用 SSL 保护 Web 站点的安全

【任务描述】

现今 SSL 安全协议广泛地用在 Internet 和 Intranet 的服务器产品和客户端产

品中,用于安全地传送数据,集中到每个 Web 服务器和浏览器中,从而来保证用户都可以与 Web 站点安全交流。

通过本任务的实际操作与训练,要求学生掌握以下知识和技能:

(1)掌握在 Windows 环境下配置和使用证书服务器的方法。

(2)掌握用 SSL 加密 Web 站点的方法。

【相关知识】

安全套接层(Secure Socket Layer,SSL)是 Netscape 公司率先采用的一种协议,是使用公钥和私钥技术组合的安全网络通信协议,它能把在网页和服务器之间传输的数据加密。这种加密措施能够防止资料在传输过程中被窃取。因此,采用 SSL 协议传输密码和信用卡号等敏感信息以及身份认证信息是一种比较理想的选择。

SSL 是介于 HTTP 协议与 TCP 协议之间的一个可选层。它在 OSI 模型中的位置如表 4-3-1 所示。

表 4-3-1　SSL 在 OSI 中的位置

应用层	Web 应用(HTTPS)
表示层	SSL 握手协议
会话层	SSL 记录层
运输层	TCP
网络层	IP
数据链路层	Ethernet/Token Ring
物理层	LAN/MAN/WAN

SSL 在 TCP 之上建立了一个加密通道,通过该通道的数据都经过了加密过程。具体来讲,SSL 协议又可以分为两部分:握手协议(Handshake Protocol)和记录协议(Record Protocol)。其中握手协议用于协商密钥,记录协议则定义了传输的格式。

当一台计算机试图使用 SSL 建立连接时,要发生握手操作。SSL 缺省只进行服务器端的认证,客户端的认证是可选的。握手的流程为:SSL 客户端在 TCP 建立连接之后,发出一个消息,该消息中包含了 SSL 可实现的算法列表和其他一些必要的消息。SSL 的服务器端将回应一个消息,其中确定了该次通信所要用的算法,然后发出服务器端的证书(其中包含了身份和公钥)。客户端在收到该消息后会生成一个会话密钥,并用 SSL 服务器的公钥加密后传回服务器。服务器用自己的私钥解密得到会话密钥。至此,协商成功,双方可用同一份会话密钥通信。SSL 第一类握手工作流程如图 4-3-1 所示。

图 4-3-1 SSL 第一类握手流程

SSL 采用的是公钥密码体系,所以需要设置一个证书颁发机构(即 CA)来颁发和管理密钥。在对 Web 服务器进行配置之前,Web 服务器先要向证书颁发机构申请数字证书。证书颁发机构可以由 Windows 2000 Server 以上的操作系统来承担。Web 服务器向证书颁发机构申请证书,证书颁发后,Web 服务器下载并安装证书,然后再选择整个站点或某些文件夹需要 SSL 的保护。可以将证书颁发机构和 Web 服务器设置在同一计算机上,也可以设置在不同的计算机上。

【实现过程】

1. 配置证书服务器

证书服务是 Windows Server 2003 的一个组件,但默认情况下是没有安装的,所以首先应安装新的组件。在"开始"→"设置"→"控制面板"中选择"添加\删除程序",在打开的窗口中选择"添加\删除 Windows 组件",打开"Windows 组件向导"对话框,如图 4-3-2 所示。

安装此组件过程中,根据系统提示选择证书颁发机构类型是"独立根 CA",并给出根 CA 的名称等信息。组件安装完成后,即可在 Windows Server 2003 的管理工具中找到"证书颁发机构"。此时,Web 服务器就可以向此证书服务器申请证书了。

2. 启动 IIS 管理器来申请一个数字证书

(1)选择"开始"→"程序"→"管理工具"→"Internet 服务管理器",在"Internet 信息服务"中选择想要保护的站点,并单击右键打开"默认网站属性"对话框。打开"目录安全性"选项卡并单击"服务器证书(S)"按钮,如图 4-3-3 所示。

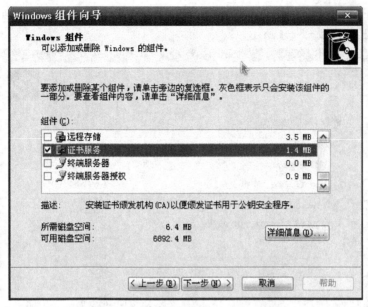

图 4-3-2 添加\删除 Windows 组件

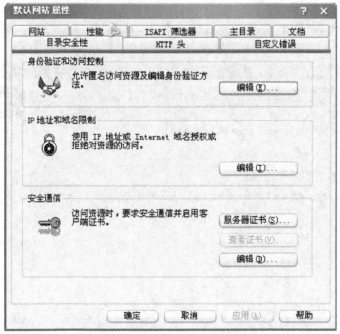

图 4-3-3 "目录安全性"选项卡

(2)在弹出的"ISS证书向导"对话框中,选中"新建证书(S)"复选框,单击"下一步"按钮,如图 4-3-4 所示。

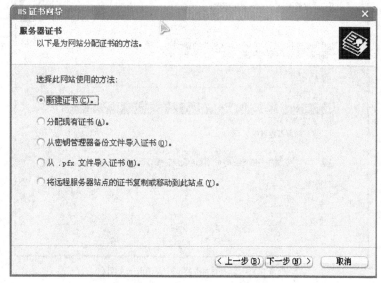

图 4-3-4 "IIS证书向导"对话框

(3)在"名称"文本框中输入新证书名称,单击"下一步"按钮,如图 4-3-5 所示。

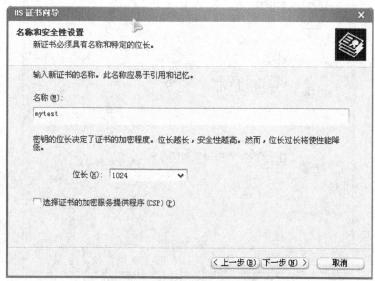

图 4-3-5 输入证书名称

(4)在"单位"和"部门"文本框中输入单位和部门的名称,单击"下一步"按钮,如图 4 - 3 - 6 所示。

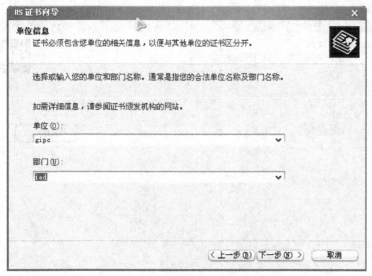

图 4 - 3 - 6 输入组织和部门名称

(5)在"公用名称"文本框中输入站点的公用名称,单击"下一步"按钮,如图 4 - 3 - 7所示。

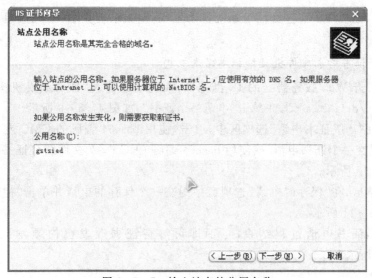

图 4 - 3 - 7 输入站点的公用名称

(6)最后,在"文件名"文本框中为证书请求输入一个文件名,单击"下一步"按钮,如图 4-3-8 所示。

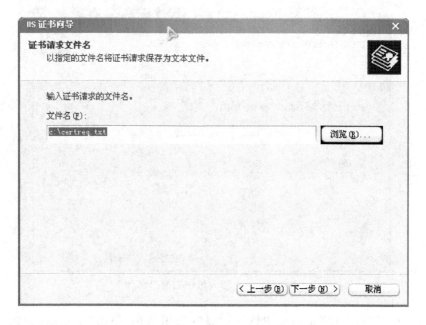

图 4-3-8　输入一个文件名

至此,证书请求文件已经由系统自动生成,根据系统提示,需完成申请的后续操作。

3. 将证书请求文件提交给证书颁发机构

(1)打开 Web 服务器上的 IE 浏览器,在地址栏输入"证书颁发机构的 IP 地址/certsrv/default.asp",并单击"申请一个证书",如图 4-3-9 所示。

(2)在"高级证书申请"选项区中,单击"使用 base64 编码的 CMC 或 PKCS♯10 文件提交一个证书申请,或使用 base64 编码 PKCS♯7 文件续订证书申请",如图 4-3-10 所示。

(3)然后,在"保存的申请"选项区中提交一个保存的申请并单击"提交"按钮,如图 4-3-11 所示。

至此,证书申请过程结束,下面即可等待证书颁发机构颁发证书,如图 4-3-12所示。

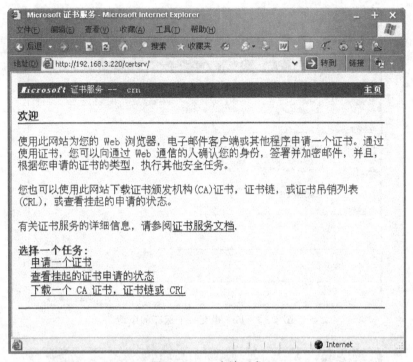

图 4 - 3 - 9　申请证书

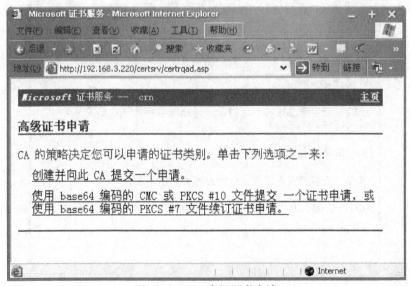

图 4 - 3 - 10　高级证书申请

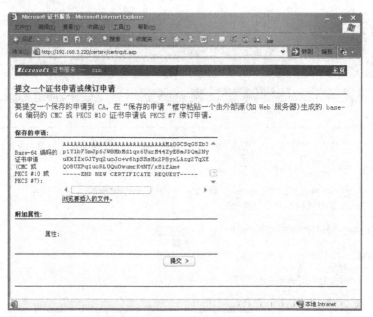

图 4-3-11 提交一个保存的申请

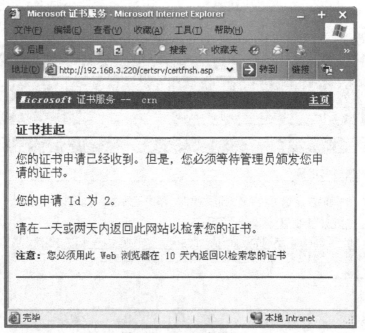

图 4-3-12 证书挂起

4. 证书颁发机构颁发证书

在证书颁发机构所在的计算机上，打开"开始"→"程序"→"管理工具"→"证书颁发机构"，如图4-3-13所示。右击待定申请，选择快捷菜单中的"所有任务"→"颁发"颁发证书。

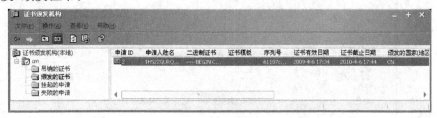

图4-3-13 "证书颁发机构"对话框

5. Web服务器安装证书

(1)打开Web服务器上的IE浏览器，在地址栏输入"证书颁发机构的IP地址/certsrv/default.asp"，选择任务"处理挂起的请求并安装证书"，如图4-3-14所示，单击"下一步"按钮。

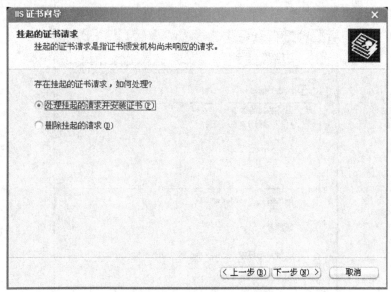

图4-3-14 处理挂起的证书申请

(2)根据系统提示，下载证书，如图4-3-15所示。

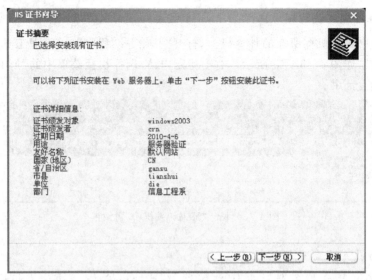

图 4-3-15 下载证书

（3）下载完成后打开"证书"对话框，单击"安装证书"按钮，并点击"确定"，如图 4-3-16 所示。

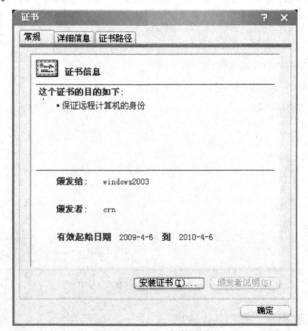

图 4-3-16 安装证书

　　再进入默认 Web 站点的属性页面，如图 4-3-3 所示，单击"服务器证书"按钮。再选择如图 4-3-4 所示的"分配现有的证书"复选框，单击"下一步"按钮，选择刚才分配的证书，根据系统提示，即可完成证书的分配和安装。

　　6. Web 站点申请安全通道

　　使用安全通道浏览网页，速度会受到影响，所以根据需要可以选择是用 SSL 来加密 Web 站点的所有内容，还是只对某些文件夹进行加密。选择要保护的对象，单击右键，打开其属性页，如图 4-3-17 所示。

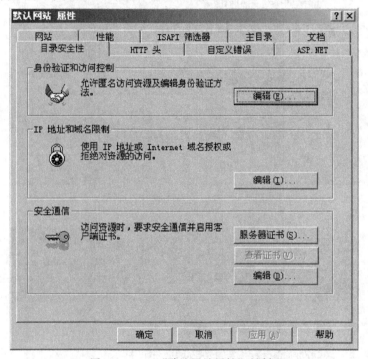

图 4-3-17　"默认网站属性"对话框

　　在"目录安全性"选项卡中，单击"编辑"按钮，弹出"安全通信"对话框，如图 4-3-18 所示。

　　选中"申请安全通道"复选框，并单击"确定"按钮。

　　设置完成后，用户要浏览受 SSL 保护的站点或页面时，需要使用的协议由以前的 HTTP 变成了 HTTPS，在访问的地址前面必须要键入"HTTPS"，否则系统会显示出错信息，如图 4-3-19 所示。

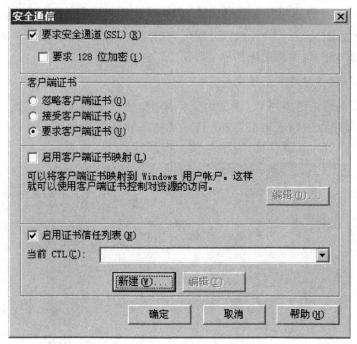

图 4 - 3 - 18　"安全通信"对话框

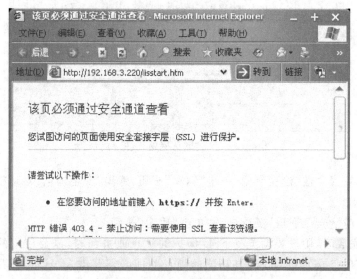

图 4 - 3 - 19　测试页面

任务4 IPSec 配置

【任务描述】

IPSec(IP Security)是 IETF 制定的三层隧道加密协议,它为 Internet 上数据的传输提供了高质量的、可互操作的、基于密码学的安全保证。特定的通信方之间在 IP 层通过加密与数据源认证等方式,可以获得以下的安全服务:

数据机密性(Confidentiality):IPSec 发送方在通过网络传输包前对包进行加密。

数据完整性(Data Integrity):IPSec 接收方对发送方发送来的包进行认证,以确保数据在传输过程中没有被篡改。

数据来源认证(Data Authentication):IPSec 接收方可以认证 IPSec 报文的发送方是否合法。

防重放(Anti-Replay):IPSec 接收方可检测并拒绝接收过时或重复的报文。

可以通过 IKE(Internet Key Exchange,因特网密钥交换协议)为 IPSec 提供自动协商交换密钥、建立和维护安全联盟的服务,以简化 IPSec 的使用和管理。IKE 协商并不是必须的,IPSec 所使用的策略和算法等也可以手工协商。

IPSec 通过如下两种协议来实现安全服务:

AH(Authentication Header)是认证头协议,协议号为51。主要提供的功能有数据源认证、数据完整性校验和防报文重放功能,可选择的认证算法有 MD5(Message Digest)、SHA-1(Secure Hash Algorithm)等。AH 报文头插在标准 IP 包头后面,保证数据包的完整性和真实性,防止黑客截获数据包或向网络中插入伪造的数据包。

IESP(Encapsulating Security Payload)是报文安全封装协议,协议号为50。与 AH 协议不同的是,ESP 将需要保护的用户数据进行加密后再封装到 IP 包中,以保证数据的机密性。常见的加密算法有 DES、3DES、AES 等。同时,作为可选项,用户可以选择 MD5、SHA-1 算法保证报文的完整性和真实性。

AH 和 ESP 可以单独使用,也可以联合使用。设备支持的 AH 和 ESP 联合使用的方式为:先对报文进行 ESP 封装,再对报文进行 AH 封装,封装之后的报文从内到外依次是原始 IP 报文、ESP 头、AH 头和外部 IP 头。

通过本任务的实际操作与训练,要求学生掌握以下知识和技能:

(1)了解 IPSec 的基本概念。

(2)掌握 IPSec 的配置过程。

【相关知识】

1. IPSec 基本概念

1)安全联盟(SA,Security Association)

IPSec 在两个端点之间提供安全通信,端点被称为 IPSec 对等体。

SA 是 IPSec 的基础,也是 IPSec 的本质。SA 是通信对等体间对某些要素的约定,例如,使用哪种协议(AH、ESP,还是两者结合使用)、协议的封装模式(传输模式和隧道模式)、加密算法(DES、3DES 和 AES)、特定流中保护数据的共享密钥以及密钥的生存周期等。

SA 是单向的,在两个对等体之间的双向通信,最少需要两个 SA 来分别对两个方向的数据流进行安全保护。同时,如果两个对等体希望同时使用 AH 和 ESP 来进行安全通信,则每个对等体都会针对每一种协议来构建一个独立的 SA。

SA 由一个三元组来唯一标识,这个三元组包括 SPI(Security Parameter Index,安全参数索引)、目的 IP 地址、安全协议号(AH 或 ESP)。

SPI 是为唯一标识 SA 而生成的一个 32bit 的数值,它在 AH 和 ESP 头中传输。在手工配置安全联盟时,需要手工指定 SPI 的取值。使用 IKE 协商产生安全联盟时,SPI 将随机生成。

SA 是具有生存周期的,且只对通过 IKE 方式建立的 SA 有效。分为两种类型:

基于时间,定义一个 SA 从建立到失效的时间;

基于流量,定义一个 SA 允许处理的最大流量。

生存周期到达指定的时间或指定的流量,SA 就会失效。SA 失效前,IKE 将为 IPSec 协商建立新的 SA,这样,在旧的 SA 失效前新的 SA 就已经准备好。在新的 SA 开始协商而没有协商好之前,继续使用旧的 SA 保护通信。在新的 SA 协商好之后,则立即采用新的 SA 保护通信。

2)封装模式

IPSec 有如下两种工作模式:

隧道(tunnel)模式:用户的整个 IP 数据包被用来计算 AH 或 ESP 头,AH 或 ESP 头以及 ESP 加密的用户数据被封装在一个新的 IP 数据包中。通常,隧道模式应用在两个安全网关之间的通信。

传输(transport)模式:只是传输层数据被用来计算 AH 或 ESP 头,AH 或 ESP 头以及 ESP 加密的用户数据被放置在原 IP 包头后面。通常,传输模式应用在两台主机之间的通信,或一台主机和一个安全网关之间的通信。

不同的安全协议在 Tunnel 和 Transport 模式下的数据封装形式如表 4-4-1 所示，其中 Data 为传输层数据。

表 4-4-1 安全协议数据封装格式

协议＼模式	Transport	Tunnel
AH	IP | AH | Dat	IP | AH | IP | Data
ESP	IP | ESP | Data | ESP-T	IP | ESP | IP | Data | ESP-T
AH-ESP	IP | AH | ESP | Data | ESP-T	IP | AH | ESP | IP | Data | ESP-T

3)认证算法与加密算法

(1)认证算法。认证算法的实现主要是通过杂凑函数。杂凑函数是一种能够接受任意长的消息输入，并产生固定长度输出的算法，该输出称为消息摘要。IPSec 对等体计算摘要，如果两个摘要是相同的，则表示报文是完整未经篡改的。IPSec 使用两种认证算法：

MD5：MD5 通过输入任意长度的消息，产生 128 bit 的消息摘要。

SHA-1：SHA-1 通过输入长度小于 2^{64} bit 的消息，产生 160 bit 的消息摘要。

MD5 算法的计算速度比 SHA-1 算法快，而 SHA-1 算法的安全强度比 MD5 算法高。

(2)加密算法。加密算法实现主要通过对称密钥系统，它使用相同的密钥对数据进行加密和解密。目前设备的 IPSec 实现三种加密算法：

DES(Data Encryption Standard)：使用 56 bit 的密钥对一个 64 bit 的明文块进行加密。

3DES(Triple DES)：使用三个 56 bit 的 DES 密钥(共 168 bit 密钥)对明文进行加密。

AES(Advanced Encryption Standard)：使用 128 bit、192 bit 或 256 bit 密钥长度的 AES 算法对明文进行加密。

这三个加密算法的安全性由高到低依次是：AES、3DES、DES，安全性高的加密算法实现机制复杂，运算速度慢。对于普通的安全要求，DES 算法就可以满足需要。

4)协商方式

建立 SA 有如下两种协商方式：

手工方式(manual)配置比较复杂,创建 SA 所需的全部信息都必须手工配置,而且不支持一些高级特性(例如定时更新密钥),但优点是可以不依赖 IKE 而单独实现 IPSec 功能。

IKE 自动协商(isakmp)方式相对比较简单,只需要配置好 IKE 协商安全策略的信息,由 IKE 自动协商来创建和维护 SA。

当与之进行通信的对等体设备数量较少时,或是在小型静态环境中,手工配置 SA 是可行的。对于中、大型的动态网络环境,推荐使用 IKE 协商建立 SA。说明一点,Web 界面只支持配置 IKE 自动协商方式。

5)安全隧道

安全隧道是建立在本端和对端之间可以互通的一个通道,它由一对或多对 SA 组成。

2. 协议规范

与 IPSec 相关的协议规范有：

RFC2401:Security Architecture for the Internet Protocol；

RFC2402:IP Authentication Header；

RFC2406:IP Encapsulating Security Payload。

【实现过程】

1. 配置 IPSec

1)IPSec 配置

IPSec 配置的推荐步骤如表 4-4-2 所示。

表 4-4-2　IPSec 配置步骤

步骤	配置任务	说明
1	1.1 配置 IPSec 安全提议	必选 安全提议保存 IPSec 需要使用的特定安全协议、加密/认证算法以及封装模式,为 IPSec 协商 SA 提供各种安全参数 若已存在的 IPSec 安全提议的配置发生了修改,则对已协商成功的 SA,新修改的安全提议并不起作用,即 SA 仍然使用原来的 IPSec 安全提议,只有新协商的 SA 将使用新的 IPSec 安全提议

步骤	配置任务	说明
2	1.2 配置安全策略模板	安全策略中需要引用安全策略模板时必选 创建一个安全策略模板,在配置安全策略时,可以直接引用安全策略模板组来创建安全策略
3	1.3 配置安全策略	必选 Web 界面采用 IKE 方式来配置安全策略,在配置时可以直接设置策略中的参数,也可以通过引用已创建的安全策略模板组来配置 不能用应用安全策略模板的安全策略来发起安全联盟的协商,但可以响应协商,在协商过程中进行策略匹配时,策略模板中定义的参数必须相符,而策略模板中没有定义的参数由发起方来决定,响应方接受发起方的建议
4	1.4 应用安全策略组	必选 在要加密的数据流和要解密的数据流所在接口(逻辑的或物理的)上应用一个安全策略组 安全策略组是所有具有相同名字、不同顺序号的安全策略的集合,在同一个安全策略组中,顺序号越小的安全策略,优先级越高

在完成上述配置后,可在 Web 界面上查看配置后 IPSec 的运行情况,通过查看显示信息验证配置的效果。

IPSec 显示和维护包括的操作如表 4-4-3 所示。

表 4-4-3 IPSec 显示和维护

编号	操作	说明
1	1.1 查看 IPSec 安全联盟	查看所有 IPSec 安全联盟的概要信息,通过查看显示信息验证配置的效果
2	1.2 查看报文统计	查看 IPSec 处理报文的统计信息,通过查看 IPSec 的运行情况验证配置的效果

2)配置 IPSec 安全提议

在导航栏中选择"虚拟专用网>IPSec>安全提议",进入 IPSec 安全提议的显示页面,如图 4-4-1 所示。单击"新建"按钮,进入 IPSec 安全提议的配置向导页面。

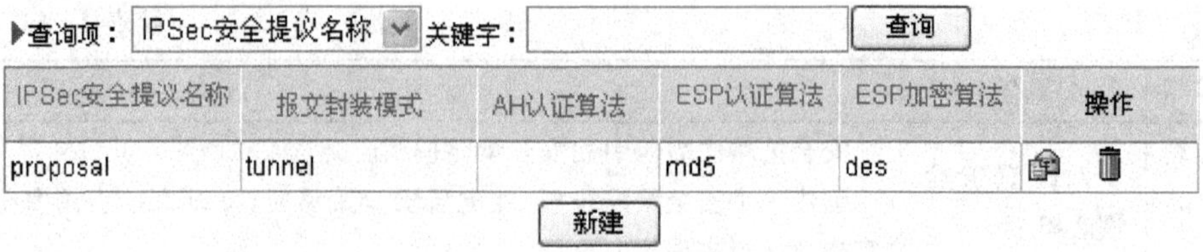

图 4-4-1 安全提议

　　Web 网管提供了两种 IPSec 安全提议的配置方式,在向导页面进行选择即可进入对应方式的配置页面。

　　套件方式:用户可以直接在设备提供的加密套件中选择一种,方便用户的操作,详细配置如表 4-4-4 所示。

　　定制方式:用户可以根据自己的需要配置安全提议的参数,详细配置如表 4-4-5 所示。

表 4-4-4 新建 IPSec 安全提议的详细配置(套件方式)

配置项	说　明
安全提议名称	设置要新建的 IPSec 安全提议的名称
加密套件	设置安全提议采用的报文封装、安全协议及对应的认证/加密算法的套件 可选的加密套件包括: 　　Tunnel – ESP – DES – MD5 　　Tunnel – ESP – 3DES – MD5 　　Tunnel – AH – MD5 – ESP – DES 　　Tunnel – AH – MD5 – ESP – 3DES

表 4-4-5 新建 IPSec 安全提议的详细配置(定制方式)

配置项	说　明
安全提议名称	设置要新建的 IPSec 安全提议的名称
报文封装模式	设置安全协议对 IP 报文的封装模式 Tunnel:表示采用隧道模式 Transport:表示采用传输模式
安全协议	设置安全提议采用的安全协议 AH:表示采用 AH 协议 ESP:表示采用 ESP 协议 AH – ESP:表示先用 ESP 协议对报文进行保护,再用 AH 协议进行保护

续表 4－4－5

配置项	说　明
AH 认证算法	设置 AH 协议采用的认证算法 当安全协议选择 AH 或 AH－ESP 时，显示此配置项 可选的认证算法有 MD5 和 SHA1（表示 SHA－1 算法）
ESP 认证算法	设置 ESP 协议采用的认证算法 当安全协议选择 ESP 或 AH－ESP 时，显示此配置项 可选的认证算法有 MD5 和 SHA1（表示 SHA－1 算法）
ESP 加密算法	设置 ESP 协议采用的加密算法 当安全协议选择 ESP 或 AH－ESP 时，显示此配置项 DES：表示采用 DES 算法，采用 56 bits 的密钥进行加密 3DES：表示采用 3DES 算法，采用 168 bits 的密钥进行加密 AES128：表示采用 AES 算法，采用 128 bits 的密钥进行加密 AES192：表示采用 AES 算法，采用 192 bits 的密钥进行加密 AES256：表示采用 AES 算法，采用 256 bits 的密钥进行加密 对于保密及安全性要求非常高的地方，采用 3DES 算法可以满足需要，但 3DES 加密速度比较慢；对于普通的安全要求，DES 算法就可以满足需要

3）配置安全策略模板

在导航栏中选择"虚拟专用网＞IPSec＞模板配置"，进入安全策略模板的显示页面，如图 4－4－2 所示。单击"新建"按钮，进入新建安全策略模板的配置页面。

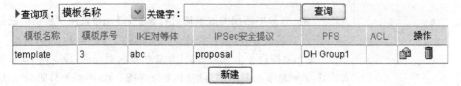

图 4－4－2　模板配置

新建安全策略模板的详细配置如表 4－4－6 所示。

表 4－4－6　新建安全策略模板的详细配置

配置项	说　明
模板名称	设置要新建安全策略模板的名称
模板序号	设置安全策略模板的顺序号 在一个安全策略模板组中，顺序号越小的安全策略模板，优先级越高

配置项		说　明
IKE 对等体		设置安全策略模板所引用的 IKE 对等体名称 可选的 IKE 对等体需先在"虚拟专用网＞IKE＞对等体"中创建
IPSec 安全提议		设置安全策略模板所引用的 IPSec 安全提议名称,最多可以引用 6 个 IKE 协商将在安全隧道的两端搜索能够完全匹配的 IPSec 安全提议,如果找不到,则 SA 不能建立,需要被保护的报文将被丢弃 可选的安全提议需先在"虚拟专用网＞IPSec＞安全提议"中创建
PFS		设置使用此安全策略发起协商时是否使用 PFS(Perfect Forward Secrecy,完善的前向安全)特性,并指定采用的 Diffie-Hellman 组: DH Group1:表示采用 768-bit Diffie-Hellman 组 DH Group2:表示采用 1024-bit Diffie-Hellman 组 DH Group5:表示采用 1536-bit Diffie-Hellman 组 DH Group14:表示采用 2048-bit Diffie-Hellman 组 DH Group14、DH Group5、DH Group2、DH Group1 的安全性和需要的计算时间依次递减 IPSec 在使用配置了 PFS 的安全策略发起一个协商时,在阶段 2 的协商中进行一次附加的密钥交换以提高通讯的安全性 本端和对端指定的 Diffie-Hellman 组必须一致,否则协商会失败
ACL		设置安全策略模板所引用的 ACL 可选的 ACL 需先在"高级配置＞QoS 设置＞ACL IPv4"中创建高级 ACL IPSec 对 ACL 中匹配的数据流进行保护,因此建议用户精确的配置 ACL,只对确实需要 IPSec 保护的数据流配置"允许"操作 在本地和远端设备上定义的 ACL 必须是相对应的,即本端 ACL 定义的源 IP 地址要与对端的目的 IP 地址保持一致,本端的目的 IP 地址与对端的源 IP 地址一致
SA 生存周期	基于时间	设置安全策略的 SA 生存周期,可以选择基于时间和基于流量 IKE 为 IPSec 协商建立安全联盟时,采用本地配置的生存周期和对端提议的生存周期中较小的一个
	基于流量	

4)配置安全策略

在导航栏中选择"虚拟专用网＞IPSec＞策略",进入安全策略的显示页面,如图 4 - 4 - 3 所示。单击"新建"按钮,进入新建安全策略的配置页面。

新建安全策略的详细配置如表 4 - 4 - 7 所示。

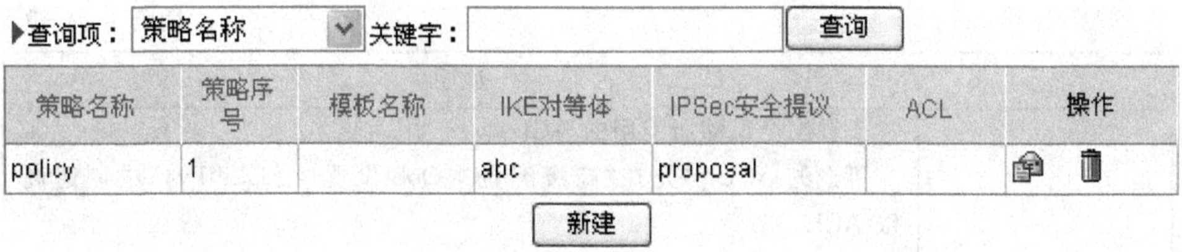

▶查询项：| 策略名称 ▾ | 关键字：[　　　　　　] [查询]

策略名称	策略序号	模板名称	IKE对等体	IPSec安全提议	ACL	操作
policy	1		abc	proposal		📁 🗑

[新建]

图 4-4-3 策略

表 4-4-7 新建安全策略的详细配置

配置项	说明
策略名称	设置要新建安全策略的名称
策略序号	设置安全策略的顺序号 在一个安全策略组中,顺序号越小的安全策略,优先级越高
策略模板	设置安全策略所引用的安全策略模板组 可选的安全策略模板组需先在"虚拟专用网＞IPSec＞模板配置"中创建 若选择了某个安全策略模板组,则后面的配置项都不可配,直接使用该安全策略模板组中的设置
IKE 对等体	设置安全策略所引用的 IKE 对等体名称 可选的 IKE 对等体需先在"虚拟专用网＞IKE＞对等体"中创建
IPSec 安全提议	设置安全策略所引用的 IPSec 安全提议名称,最多可以引用 6 个 IKE 协商将在安全隧道的两端搜索能够完全匹配的 IPSec 安全提议,如果找不到,则 SA 不能建立,需要被保护的报文将被丢弃 可选的安全提议需先在"虚拟专用网＞IPSec＞安全提议"中创建
PFS	设置使用此安全策略发起协商时是否使用 PFS(Perfect Forward Secrecy,完善的前向安全)特性,并指定采用的 Diffie-Hellman 组: DH Group1:表示采用 768-bit Diffie-Hellman 组 DH Group2:表示采用 1024-bit Diffie-Hellman 组 DH Group5:表示采用 1536-bit Diffie-Hellman 组 DH Group14:表示采用 2048-bit Diffie-Hellman 组 DH Group14、DH Group5、DH Group2、DH Group1 的安全性和需要的计算时间依次递减 IPSec 在使用配置了 PFS 的安全策略发起一个协商时,在阶段 2 的协商中进行一次附加的密钥交换以提高通讯的安全性 本端和对端指定的 Diffie-Hellman 组必须一致,否则协商会失败

配置项		说明
ACL		设置安全策略所引用的 ACL
		可选的 ACL 需先在"高级配置＞QoS 设置＞ACL IPv4"中创建高级 ACL
		IPSec 对 ACL 中匹配的数据流进行保护,因此建议用户精确的配置 ACL,只对确实需要 IPSec 保护的数据流配置"允许"操作
		在本地和远端设备上定义的 ACL 必须是相对应的,即本端 ACL 定义的源 IP 地址要与对端的目的 IP 地址保持一致,本端的目的 IP 地址与对端的源 IP 地址一致
聚合方式		设置安全策略的数据流保护方式为聚合方式,如果不选中该项,则安全策略的数据流保护方式为标准方式
		该项的配置只在指定安全策略所引用的 ACL 时才有效
		对于聚合方式和标准方式都支持的设备,要求两端的配置必须一致,即两端要么同时配置聚合方式,要么同时配置标准方式
SA 生存周期	基于时间	设置安全策略的 SA 生存周期,可以选择基于时间和基于流量
	基于流量	IKE 为 IPSec 协商建立安全联盟时,采用本地配置的生存周期和对端提议的生存周期中较小的一个

5)应用安全策略组

在导航栏中选择"虚拟专用网＞IPSec＞应用",进入接口应用安全策略情况的显示页面,如图 4－4－4 所示。单击要应用安全策略组的接口对应的操作列中的图标,进入 IPSec 应用设置页面。

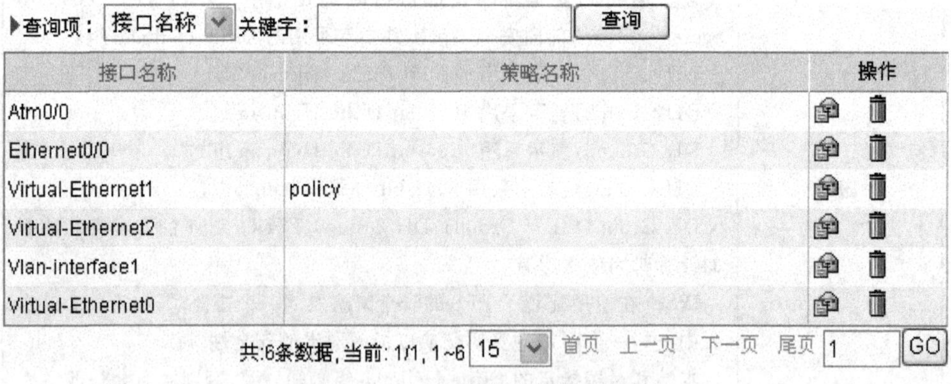

▶查询项: 接口名称 ∨ 关键字: _____ 查询

接口名称	策略名称	操作
Atm0/0		📧 🗑
Ethernet0/0		📧 🗑
Virtual-Ethernet1	policy	📧 🗑
Virtual-Ethernet2		📧 🗑
Vlan-interface1		📧 🗑
Virtual-Ethernet0		📧 🗑

共6条数据,当前:1/1,1~6 15 ∨ 首页 上一页 下一页 尾页 1 GO

图 4－4－4 应用安全策略组设置

应用安全策略组的详细配置如表 4-4-8 所示。

表 4-4-8　应用安全策略组的详细配置

配置项	说明
接口名称	显示要应用安全策略组的接口名称
策略名称	设置应用的安全策略组的名称

6) 查看 IPSec 安全联盟

在导航栏中选择"虚拟专用网＞IPSec＞安全联盟",进入 IPSec 安全联盟概要信息的显示页面,如图 4-4-5 所示。

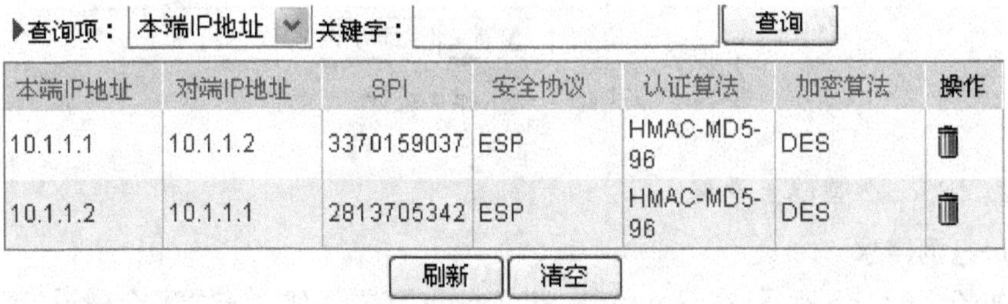

▶查询项： 本端IP地址 ▼ 关键字：_____ 查询

本端IP地址	对端IP地址	SPI	安全协议	认证算法	加密算法	操作
10.1.1.1	10.1.1.2	3370159037	ESP	HMAC-MD5-96	DES	🗑
10.1.1.2	10.1.1.1	2813705342	ESP	HMAC-MD5-96	DES	🗑

刷新　清空

图 4-4-5　安全联盟

IPSec 安全联盟列表的详细说明如表 4-4-9 所示。

表 4-4-9　IPSec 安全联盟列表的详细说明

配置项	说明
本端 IP 地址	显示 IPSec 安全联盟本端的 IP 地址
对端 IP 地址	显示 IPSec 安全联盟对端的 IP 地址
SPI	显示 IPSec 安全联盟的安全参数索引
安全协议	显示 IPSec 采用的安全协议
认证算法	显示安全协议采用的认证算法
加密算法	显示安全协议采用的加密算法

7) 查看报文统计

在导航栏中选择"虚拟专用网＞IPSec＞报文统计",进入报文统计信息的显示页面,如图 4-4-6 所示。

统计项	统计值
受安全保护的输入/输出数据包	4/4
受安全保护的输入/输出字节数	336/336
被设备丢弃了的受安全保护的输入/输出数据包	0/0
因为内存不足而被丢弃的数据包数目	0
因为找不到安全联盟而被丢弃的数据包的数目	0
因为队列满而被丢弃的数据包的数目	0
因为认证失败而被丢弃的数据包的数目	0
因为数据包长度不正确而被丢弃的数据包数目	0
重放的数据包数目	0
因为数据包过长而被丢弃的数据包的数目	0
因为安全联盟不正确而被丢弃的数据包的数目	0

刷新　全部清零

图 4 - 4 - 6　报文统计

2. IPSec 典型配置举例

1)组网需求

如图 4 - 4 - 7 所示,在 Router A 和 Router B 之间建立一个安全隧道,对 Host A 代表的子网(10.1.1.0/24)与 Host B 代表的子网(10.1.2.0/24)之间的数据流进行安全保护。

安全协议采用 ESP 协议,加密算法采用 DES,认证算法采用 SHA - 1。

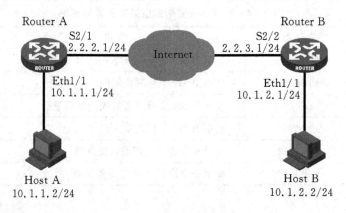

图 4 - 4 - 7　IPSec 配置组网图

2)配置步骤

(1)配置 Router A。

①配置 ACL,定义由子网 10.1.1.0/24 去子网 10.1.2.0/24 的数据流。

• 在导航栏中选择"高级配置>QoS 设置>ACL IPv4",单击"创建"页签。

• 输入访问控制列表 ID 为"3101"。

• 选择匹配规则为"用户配置"。

• 单击"应用"按钮完成操作。

• 单击"高级配置"页签。

• 选择访问控制列表为"3101"。

• 选择操作为"允许"。

• 选中"源 IP 地址"前的复选框,输入源 IP 地址为"10.1.1.0",输入源地址通配符为"0.0.0.255"。

• 选中"目的 IP 地址"前的复选框,输入目的 IP 地址为"10.1.2.0",输入目的地址通配符为"0.0.0.255"。

• 单击"添加"按钮完成操作。

• 选择操作为"禁止"。

• 单击"添加"按钮完成操作。

②配置到 Host B 的静态路由。

• 在导航栏中选择"高级配置>路由设置",单击"创建"页签。

• 输入目的 IP 地址为"10.1.2.0"。

• 选择掩码为"24(255.255.255.0)"。

• 选中"接口"前的复选框,选择接口为"Serial2/1"

• 单击"应用"按钮完成操作。

③配置名为 tran1 的 IPSec 安全提议。

• 在导航栏中选择"虚拟专用网>IPSec"安全提议",单击"新建"按钮。

• 在安全提议配置向导页面选择"定制方式"。

• 输入安全提议名称为"tran1"。

• 选择报文封装模式为"Tunnel"。

• 选择安全协议为"ESP"。

• 选择 ESP 认证算法为"SHA1"。

• 选择 ESP 加密算法为"DES"。

• 单击"确定"按钮完成操作。

④配置 IKE 对等体。

• 在导航栏中选择"虚拟专用网>IKE>对等体",单击"新建"按钮。

• 输入对等体名称为"peer"。

- 选择协商模式为"Main"。
- 选择本端 ID 类型为"IP 地址"。
- 输入对端 IP 地址为"2.2.3.1"。
- 选中"预共享密钥"前的单选按钮，输入预共享密钥为"abcde"。
- 单击"确定"按钮完成操作

⑤配置安全策略。

- 在导航栏中选择"虚拟专用网＞IPSec＞策略"，单击"新建"按钮。
- 输入策略名称为"map1"。
- 输入策略序号为"10"。
- 选择 IKE 对等体为"peer"。
- 选中名为"tran1"的 IPSec 安全提议，单击"≪""按钮。
- 输入 ACL 为"3101"。
- 单击"确定"按钮完成操作。

⑥应用安全策略。

- 在导航栏中选择"虚拟专用网＞IPSec＞应用"，单击接口"Serial2/1"对应的图标。
- 选择策略名称为"map1"。
- 单击"确定"按钮完成操作。

(2)配置 Router B。

①配置 ACL，定义由子网 10.1.2.0/24 去子网 10.1.1.0/24 的数据流。

- 在导航栏中选择"高级配置＞QoS 设置＞ACL IPv4"，单击"创建"页签。
- 输入访问控制列表 ID 为"3101"。
- 选择匹配规则为"用户配置"。
- 单击"应用"按钮完成操作。
- 单击"高级配置"页签。
- 选择访问控制列表为"3101"。
- 选择操作为"允许"。
- 选中"源 IP 地址"前的复选框，输入源 IP 地址为"10.1.2.0"，输入源地址通配符为"0.0.0.255"。
- 选中"目的 IP 地址"前的复选框，输入目的 IP 地址为"10.1.1.0"，输入目的地址通配符为"0.0.0.255"。
- 单击"添加"按钮完成操作。
- 选择操作为"禁止"。

- 单击"添加"按钮完成操作。

②配置到 Host A 的静态路由。

- 在导航栏中选择"高级配置＞路由设置"，单击"创建"页签。
- 输入目的 IP 地址为"10.1.1.0"。
- 选择掩码为"24(255.255.255.0)"。
- 选中"接口"前的复选框，选择接口为"Serial2/2"。
- 单击"应用"按钮完成操作。

③配置名为 tran1 的 IPSec 安全提议。

- 在导航栏中选择"虚拟专用网＞IPSec＞安全提议"，单击"新建"按钮。
- 在安全提议配置向导页面选择"定制方式"。
- 输入安全提议名称为"tran1"。
- 选择报文封装模式为"Tunnel"。
- 选择安全协议为"ESP"。
- 选择 ESP 认证算法为"SHA1"。
- 选择 ESP 加密算法为"DES"。
- 单击"确定"按钮完成操作。

④配置 IKE 对等体。

- 在导航栏中选择"虚拟专用网＞IKE＞对等体"，单击"新建"按钮。
- 输入对等体名称为"peer"。
- 选择协商模式为"Main"。
- 选择本端 ID 类型为"IP 地址"。
- 输入对端 IP 地址为"2.2.2.1"。
- 选中"预共享密钥"前的单选按钮，输入预共享密钥为"abcde"。
- 单击"确定"按钮完成操作

⑤配置安全策略。

- 在导航栏中选择"虚拟专用网＞IPSec＞策略"，单击"新建"按钮。
- 输入策略名称为"use1"。
- 输入策略序号为"10"。
- 选择 IKE 对等体为"peer"。
- 选中名为"tran1"的 IPSec 安全提议，单击"≪"按钮。
- 输入 ACL 为"3101"。
- 单击"确定"按钮完成操作。

⑥应用安全策略。

• 在导航栏中选择"虚拟专用网＞IPSec＞应用"，单击接口"Serial2/2"对应的图标。

• 选择策略名称为"use1"。

• 单击"确定"按钮完成操作。

以上配置完成后，Router A 和 Router B 之间如果有子网 10.1.1.0/24 与子网 10.1.2.0/24 之间的报文通过，将触发 IKE 进行协商建立 SA。IKE 协商成功并创建了 SA 后，子网 10.1.1.0/24 与子网 10.1.2.0/24 之间的数据流将被加密传输。

3. 注意事项

若在接口上同时使能 IPSec 和 QoS，同一个 IPSec 安全联盟的数据流如果被 QoS 分类进入不同队列，会导致部分报文发送乱序。由于 IPSec 具有防重放功能，IPSec 入方向上对于防重放窗口之外的报文会进行丢弃，从而导致丢包现象。因此当 IPSec 与 QoS 结合使用时，必须保证 IPSec 分类与 QoS 分类规则配置保持一致。IPSec 的分类规则完全由引用的 ACL 规则确定。

参考文献

[1] 黄志洪. 现代计算机信息安全技术[M]. 北京:冶金工业出版社,2008.

[2] 雷咏梅,赵霖. 计算机网络信息安全保密技术[M]. 北京:清华大学出版社,2008.

[3] 钟乐海. 网络安全技术[M]. 北京:电子工业出版社,2009.

[4] 魏亮,孙国梓,等. 家用电脑网络安全防护与隐私保护掌中宝[M]. 北京:中国水利水电出版社,2004.

[5] 庞淑英. 网络信息安全技术基础与应用[M]. 北京:冶金工业出版社,2009.

[6] 周继军,蔡毅. 网络与信息安全基础[M]. 北京:清华大学出版社,2008.

[7] 蔡皖东. 网络与信息安全[M]. 西安:西北工业大学出版社,2004.

[8] 崔宝江,李宝林. 网络安全实验教程[M]. 北京:电子工业出版社,2009.

[9] 安继芳,海建. 网络安全应用技术[M]. 北京:人民邮电出版社,2007.

[10] 王常吉,龙冬阳. 信息与网络安全实验教程[M]. 北京:清华大学出版社,2007.

[11] 张兆信,等. 计算机网络安全与应用[M]. 北京:机械工业出版社,2005.

[12] 李艇. 计算机网络管理与安全技术[M]. 北京:人民邮电出版社,2008.

[13] 戚文静,刘学. 网络安全原理与应用[M]. 北京:中国水利水电出版社,2005.

[14] 石淑华,池瑞楠. 计算机网络安全技术[M]. 2版. 北京:人民邮电出版社,2008.

[15] 谢冬青,等. 计算机网络安全技术教程[M]. 北京:机械工业出版社,2007.

[16] 葛秀慧,等. 计算机网络安全管理[M]. 北京:清华大学出版社,2003.

[17] 蔡永泉. 计算机网络安全理论与技术教程[M]. 北京:北京航空航天大学出版社,2003.

[18] 赵小林. 网络安全技术教程[M]. 北京:国防工业出版社,2006.

[19] 高健,英宇,等. 黑客过招网络安全实用技术实例精讲[M]. 北京:中国民航出版社,2005.